基于 β-FeSi$_2$ 的薄膜太阳能电池研究

熊锡成 著

黄河水利出版社

·郑 州·

内 容 提 要

本书从当今世界面临能源危机的现实问题出发,深入浅出地介绍了使用磁控溅射方法制备 $\beta-FeSi_2$ 薄膜的方法和工艺及太阳能薄膜电池的制备测试结果。全书共分 7 章,包括绪论、半导体太阳能电池基本原理、制备设备与表征设备、$\beta-FeSi_2$ 薄膜的制备及特性研究、$\beta-FeSi_2$ 薄膜异质结的制备及性能研究、$\beta-FeSi_2$ 薄膜电池模拟、$\beta-FeSi_2$ 薄膜电池的制备研究等。涉及材料性质的理论研究、制备测试及其实际应用研究,对材料的制备工艺、太阳能电池结构的理论模拟和器件制备工艺,均有一定的阐述,对后来的研究者具有一定的借鉴意义。

本书适合从事半导体太阳能电池及其相关专业的师生使用,也可作为从事薄膜太阳能电池研究的技术人员的参考用书。

图书在版编目(CIP)数据

基于 $\beta-FeSi_2$ 的薄膜太阳能电池研究/熊锡成著. —郑州:黄河水利出版社,2021. 12
ISBN 978-7-5509-3204-3

Ⅰ.①基… Ⅱ.①熊… Ⅲ.①薄膜太阳能电池-研究
Ⅳ.①TM914. 4

中国版本图书馆 CIP 数据核字(2021)第 270908 号

出 版 社:黄河水利出版社　　　　　　网址:www. yrcp. com
　　地址:河南省郑州市顺河路黄委会综合楼 14 层 邮政编码:450003
发行单位:黄河水利出版社
　　发行部电话:0371-66026940、66020550、66028024、66022620(传真)
　　E-mail:hhslcbs@ 126. com
承印单位:河南新华印刷集团有限公司
开本:890 mm×1 240 mm　1/32
印张:5. 75
字数:173 千字　　　　　　　　　　印数:1—1 000
版次:2021 年 12 月第 1 版　　　　　印次:2021 年 12 月第 1 次印刷

定价:58. 00 元

前 言

当今世界，随着社会的进步和人口的增长，传统能源的消耗日益增加，造成了很多环境问题，温室效应日益明显，直接促进了新兴能源的开发和利用。

太阳能是取之不尽、用之不竭的清洁能源，对它的开发和利用，是新兴能源的主要研究方向之一。半导体太阳能电池是利用太阳能的方式之一，其生产成本较低、能源转化率较高，产品形式多样，能适用众多的工作环境，既可以在地球上应用，也可以在太空中使用，在军事产品、民用产品上均有广泛应用，是新兴能源领域最有发展前景的研究方向之一。

本书从当今世界面临能源危机的现实问题出发，深入浅出地介绍了使用磁控溅射方法制备 $\beta-FeSi_2$ 薄膜的方法及工艺及太阳能薄膜电池的制备测试结果。本书得到了课题组谢泉教授、张晋敏教授、闫万珺教授的大力支持，是课题组多年研究成果的总结，也有自己研究经验的介绍。

全书共分 7 章，包括绪论、半导体太阳能电池基本原理、制备设备与表征设备、$\beta-FeSi_2$ 薄膜的制备及特性研究、$\beta-FeSi_2$ 薄膜异质结的制备及性能研究、$\beta-FeSi_2$ 薄膜电池模拟、$\beta-FeSi_2$ 薄膜电池的制备研究等。涉及材料性质的理论研究、制备测试及其实际应用研究，对材料的制备工艺、太阳能电池结构的理论模拟和实际制备测试结果，均有一定的介绍，对后来的研究者具有一定的借鉴意义。

本书得到河南工程学院博士基金项目（D2017013）的资助。

由于时间仓促、作者水平有限，错误和不足之处在所难免，敬请广大读者不吝批评指正。

作 者
2021 年 10 月

目　录

第1章 绪 论

1.1 引 言

能源是人类社会生存和发展的基础。依照人类目前消耗能源的速度,地球上的常规能源如石油、煤、天然气等,将在数百年内逐渐枯竭。面对能源危机,人类一方面积极研究新技术、新方案来提高常规能源的利用效率;另一方面,也在采取各种途径积极寻找新能源,如核能、风能、太阳能等。其中,太阳能占可再生能源的99%,因此,太阳能的利用就成为可再生能源研究的主体。地球表面每年接收到的太阳能为$1.8×10^{18}$ kW·h,太阳能可以继续供人类使用几十亿年,取之不尽,用之不竭;太阳能还是一种清洁能源,对生态环境没有污染。

人类利用太阳能主要是通过光热转换、光电转换、光化学利用、光生物利用等途径实现的。其中,光电转换输出的电能品位相当高,同目前的输配送电网基本适应,应用范围广,在全球的发展速度非常快。光电转换的工作原理主要基于"光伏效应",它利用某些器件把收集到的太阳能直接转换为电能而加以利用,又称"光电转换"。1954年,由美国贝尔实验室试制成功了效率为6%的实用型单晶硅太阳能电池,为太阳能光伏发电的大规模应用奠定了基础。随着科技的进步,太阳能电池的成本不断降低,市场化程度日益提高,应用前景不断扩展。科学家发现,用于制备半导体器件的某些化学元素不仅有毒,而且资源储量十分有限,但是金属硅化物半导体材料既无毒或者毒性极小,又由在地壳中储量极其丰富的元素Si、Fe、Mg组成。这些金属硅化物半导体材料在光电应用和能量器件应用上具有优良的性能,可以在Si基片上外延生长,与传统的Si工艺兼容,因此在光电子器件、电子器件、能量器件等领域具有重要的应用前景。

科学家将这一类无毒或者毒性极小的半导体材料称为环境友好半导体材料。它具备以下几个特点：

(1)使用资源丰富、无毒或者毒性小，对生态适应性高的元素；

(2)使用生态负担小，即低能耗、易回收的半导体工艺；

(3)有助于解决当今能源短缺和环境污染问题。

硅可以和元素周期表中的不同金属元素形成许多种硅化物。这些硅化物具有高的热稳定性和耐氧化的特性，并且大部分硅化物具有金属特性和低阻抗。半导体硅化物有十多种是半导体，它们是：II 族中的 Mg$_2$Si、Ca$_2$Si 和 BaSi$_2$，VI 族中的 CrSi$_2$、MoSi$_2$（六方晶系）和 WSi$_2$（六方晶系），VII 族中的 MnSi$_2$ 和 ReSi$_{1.75}$，VIII 族中的 β-FeSi$_2$、Ru$_2$Si$_3$、OsSi、Os$_2$Si$_3$、OsSi$_2$ 和 Ir$_3$Si$_5$。β-FeSi$_2$ 是半导体硅化物之一。

1.2　β-FeSi$_2$ 的基本性质

1.2.1　Fe-Si 二元系统相图

Fe-Si 二元系统相图如图 1-1 所示。从图中可以看出，这个系统无论在富 Fe 区域还是在富 Si 区域，相结构都十分丰富，充分说明了该系统的复杂性，该系统可以形成 5 种不同化学计量比的化合物：富金属相 Fe$_3$Si、中间相 Fe$_5$Si$_3$、单硅化物 ε-FeSi 和富硅相 FeSi$_2$ 以及 Fe$_2$Si。Fe$_3$Si 是磁性金属材料，单硅化物相中的 ε-FeSi 是一种极窄带隙的磁性半导体，在自旋电子学领域有潜在的应用前景。FeSi$_2$ 在不同的温度下呈现不同的相，主要有三个相：四方相 α-FeSi$_2$、正交相 β-FeSi$_2$ 和立方相 γ-FeSi$_2$。其中，γ-FeSi$_2$ 是低温亚稳相。四方相 α-FeSi$_2$ 是高温稳定相，在 937 ℃ 以上一直到熔点都是稳定的。在 1 223 K（950 ℃）以下，α 相按共析反应转变为 β 相：

$$\alpha - FeSi_2 \rightarrow \beta - FeSi_2 + Si$$

其中的转变温度不同，研究小组给出的值不同，在 600~950 ℃，系统的常温稳定形式是正交相 β-FeSi$_2$，在室温 937 ℃ 时，β-FeSi$_2$ 是稳定的，高于此温度将向 α 相转变：

$$\beta - FeSi_2 \rightarrow \alpha - FeSi_2 + FeSi$$

但在薄膜 $FeSi_2$ 的反应沉积生长中,也有在较低温度下观察到 α 相和 β 相同时生长的文献报道,退火后完全转变为 $\beta-FeSi_2$。

在所有这些 Fe-Si 化合物中,室温下只有 $\beta-FeSi_2$ 具有半导体特性,其余均表现为金属特性。

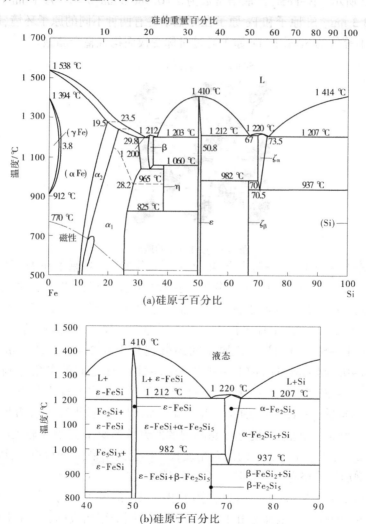

图 1-1 Fe-Si 系统相图

1.2.2　β-FeSi₂ 的晶体结构

β-FeSi₂ 的晶体结构为正交晶系,属于 Cmca(D_{2h}^{18})空间群,如图 1-2 所示。β-FeSi₂ 的晶格常数为 $a = 0.9863$ nm,$b = 0.7791$ nm,$c = 0.7833$ nm。Si 原子和 Fe 原子在原胞中各有两种不同的原子环境,即两套不等价的 Si 原子、Fe 原子通过对称变换而构成整个晶胞。

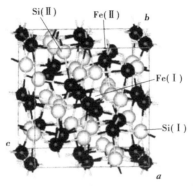

图 1-2　β-FeSi₂ 的原胞

β-FeSi₂ 的每个晶胞中含 48 个原子(由 32 个 Si 原子和 16 个 Fe 原子构成),即 16 个 β-FeSi₂ 分子,同一种类的原子在晶格中的位置略有差别,Fe 原子和 Si 原子各有两种互不等价的原子位 Fe(I)、Fe(II)和 Si(I)、Si(II),每个 Fe 原子被 8 个 Si 原子包围,但两组原子间距稍有差别,Fe(I)-Si 和 Fe(II)-Si 原子间距分别介于 0.234 ~ 0.239 nm 和 0.234 ~ 0.244 nm,Si-Fe(I)-Si 和 Si-Fe(II)-Si 之间的夹角分别为 62.5° ~ 99.5° 和 61.8° ~ 99.5°,β-FeSi₂ 的正交晶胞可视为具有立方 CaF₂ 结构的 γ-FeSi₂ 经 Jahn-Teller 畸变而产生,这种形变可认为是一个由 8 个 fcc 晶胞组成的立方超晶胞的四方核形变,a 是沿 X 轴 fcc 边长的 2 倍,而 $b = c$,是 fcc 的面对角线长。形变的结果,a 变得更短,而 b 和 c 增加的值略有差异。其原子的平面投影如图 1-3 所示。

Kondo 等用分子轨道理论推算了 β-FeSi₂ 的电子结构,计算表明,β-FeSi₂ 的每个单胞都是由 2 个原子形貌不同的簇构成的,即 Fe I Si₈ 和 Fe II Si₈。在每个簇中,处于中心的 Fe 原子外有 8 个 Si 原子,它们构

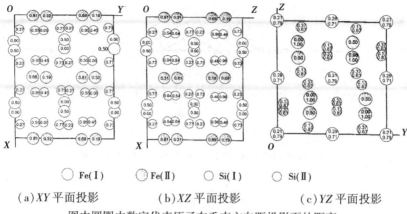

○ Fe(Ⅰ)   ● Fe(Ⅱ)   ○ Si(Ⅰ)   ○ Si(Ⅱ)

(a) XY 平面投影　　　(b) XZ 平面投影　　　(c) YZ 平面投影

图中圆圈内数字代表原子在垂直方向距投影面的距离。

图 1-3 正交 β-FeSi$_2$ 晶胞原子平面投影

成变形了的正方体结构。在这种结构中,处于扩展态的 Fe 的 3d 轨道上的 3d 电子要和处于费米边附近的定态的 Si 的 2p 轨道上的 sp 电子发生耦合,这说明 β-FeSi$_2$ 的半导体性质是 Fe(3d)轨道和 Si(2p)轨道作用形成反键的结果。

1.2.3 β-FeSi$_2$ 薄膜与衬底 Si 晶片的外延关系

半导体 β-FeSi$_2$ 薄膜通常在硅基片上外延生长,与硅基片间可以具有较为复杂的外延关系。文献中指出,在 Si(111)面上外延生长的 β-FeSi$_2$,可以具有如下两种类型的外延关系:(a) β-FeSi$_2$(101)∥Si(111)且 β-FeSi$_2$[010]∥Si<110>和(b) β-FeSi$_2$(110)∥Si(111)且 β-FeSi$_2$[001]∥Si<110>,如图 1-4 所示,晶格错配度分别为 1.45%和 2.0%。而在 Si(001)衬底上,其外延关系也有两种类型,称为 A 型和 B 型:(a) β-FeSi$_2$(100)/Si(001)且 β-FeSi$_2$[010]∥Si<110>和(b) β-FeSi$_2$(100)/Si(001)且 FeSi$_2$[010]∥Si<100>,如图 1-5 所示。A 型晶格失配度为+2.0%,而 B 型晶格失配度为-4.0%。也有报道称,观察到了其他的处延关系,且其晶格错配度更小。

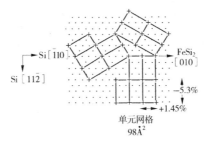

(a) β-FeSi₂(101)/Si(111)且 β-FeSi₂[010]//Si<110>

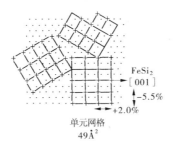

(b) β-FeSi₂(110)/Si(111)且 β-FeSi₂[001]//Si<110>

图 1-4 β-FeSi₂ 与 Si(111)衬底的外延关系

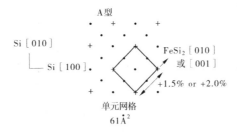

(a) β-FeSi₂(100)/Si(001)且 β-FeSi₂[010]//Si<110>

图 1-5 β-FeSi₂ 与 Si(001)衬底的外延关系

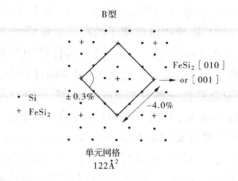

（b）β-FeSi$_2$（100）/Si（001）且 FeSi$_2$［010］//Si<100>

续图 1-5

1.2.4　β-FeSi$_2$ 材料的布里渊区和能带结构

半导体材料能带结构的研究是其应用到光电子领域的关键。理论研究主要有基于密度泛函理论的第一性原理计算等。实验的测量主要是通过吸收边附近带间跃迁的规律，即吸收系数与光子能量的关系来判定。

图 1-6 是按底心正交 β-FeSi$_2$ 晶胞所绘的中心布里渊区形状，而图 1-7 是在 LDA 框架内考虑了交换关联能后由自洽 LMTO 方法计算的能带结构示意图。能带图中各参考点的位置相应于布区对称性较高的点。考虑底心正交结构，每个晶胞内有 128 个价电子，能隙产生于第 64 和第 65 能带之间，价带极大值位于 Λ 点，而导带有两个能量相差非常小（仅数个 meV）的极小值，分别位于 Y 点和 Λ 点（在 Γ 与 Z 的中间）。Filonov 等的计算表明，最小的带隙是位于 Λ→Y 点的间接带隙，其 $E_{gi} = 0.73$ eV，具有较低的振子强度，而位于 Λ 点的直接带隙其值稍大一点，$E_{gd} = 0.742$ eV，两者如此靠近，难于区分，故可称 β-FeSi$_2$ 晶为准直接带隙半导体。位于 Y 点的第二直接带隙值为 0.825 eV（约为 0.83 eV）。通常在实验中观察到就是相应于它的跃迁。后来 Christensen 由 LDA 计算指出，最低的带隙是 Λ→Y 的间接带隙，其值 $E_g = 0.73$ eV，而位于 Λ 点的准直接带隙能量稍高一点，位于 Γ 点的第二直

接带隙值为 0.80 eV，接近实验测量值 0.85 eV，认为 β-FeSi₂ 的导带和价带都是比较平坦的，能带边缘载流子的有效质量增大，空穴和电子迁移率降低，在 0.3~0.4 cm²/(V·s)。但在其计算中没有包含交换关联项，因而其准确性让人质疑。除此之外，早期的计算中没有考虑交换关联能相应的带隙值要低一些。如 Eppenga 等于 1990 年的计算中指出，沿 $\Gamma \rightarrow Z$ 为最小能隙，其值为 0.44 eV，位于 Γ 点的直接带隙为 0.46 eV。而广义梯度近似(GGA，general gradient approximation)或准粒子近似方法，不仅可以计算块体材料均匀电子系统的基态能谱，更考虑了交换关联能中电子的非局域性，还可以计算分散体系或小分子系统的激发态能谱，应该可以得到更加准确的结果。

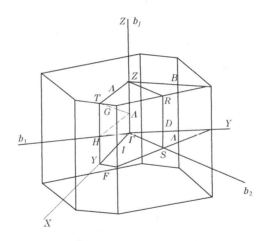

图 1-6　β-FeSi₂ 的中心布里渊区

　　Filonov 等采用线性化的 Muffin-Tin 球轨道(LMTO，linear muffin tin orbitals)方法，得到宽为 0.74 eV 的直接带隙。潘志军等采用全电势线性化的缀加平面波(FLAPW，full potential linear augmented plane wave)方法对 β-FeSi₂ 的能带结构进行了计算。闫万珺等利用基于密度泛函理论的赝势平面波方法对 β-FeSi₂ 的能带结构、光电子特性进行了全面计算。计算结果表明，β-FeSi₂ 为典型的半导体，其能带结构

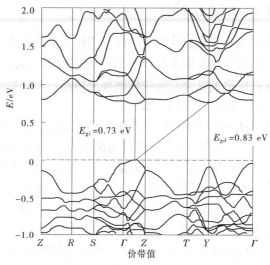

图 1-7 β-FeSi$_2$ 的能带结构示意

在点 Y 处的直接能隙为 0.82 eV, 在点 $Y \to \Gamma Z$ 间的间接能隙为 0.74 eV。

理论计算表明,β-FeSi$_2$ 是准直接带隙材料,其最小带隙是间接带隙,而直接带隙与其非常接近,仅相差数个 meV,故称其为准直接带隙材料。但理论分析同时指出,相应的跃迁振子强度非常低(<10^{-5})。

理论研究表明,应变对 β-FeSi$_2$ 材料的性质起到关键的作用。Miglio 等指出,带隙对结构很敏感,最近邻原子间距离稍微减小,就可使得 β-FeSi$_2$ 由间接带隙变为直接带隙。他们指出,当 β-FeSi$_2$ 的晶格长度 b 和 c 延伸了大约 0.24%时,Y 点的跃迁就会转变为基本跃迁,从而 β-FeSi$_2$ 薄膜具有直接带隙结构。实验中观测到的直接带隙值为 0.7~1.0 eV 的跃迁应该是来自第二直接带隙。还应指出的是,β-FeSi$_2$ 的带隙性质及带隙值与其晶体结构密切相关,应变可以改变 β-FeSi$_2$ 的带隙性质,使其由间接带隙变为直接带隙。应变在 β-FeSi$_2$ 的电子能带结构特性研究中扮演着非常重要的角色,可通过在 SiGe 的缓冲层技术,调节外延膜中的应变,以实现对其能带结构的裁剪。

1.2.5 β-FeSi₂ 的光电特性

材料的带间光学性质与其能带结构密切相关。依赖于光子能量的介电函数谱可以很好地表征半导体材料的带间光学性质,从而通过光学性质的研究直接给出电子能带结构的相关信息。尤其是由光学吸收数据可直接给出带隙的性质和带隙的值。

光学测量 β-FeSi₂ 的带隙性质及带隙值通常有三种方法,第一种是采用椭偏光谱测量方法,先直接得到椭偏参数,然后根据适当的物理模型计算或拟合其介电函数的实部和虚部,或折射率和消光系数,或反射系数和吸收系数,再根据吸收系数与带隙的关系,确定带隙的性质及带隙值。第二种光学测量方法是红外光谱测量,先得到吸收谱,再根据吸收系数与带隙的关系,确定带隙的性质及带隙值。第三种方法是测量其光致发光或电致发光光谱,由光谱中的发光峰所在位置确定其能隙值。

由吸收谱拟合带隙性质时,在吸收边附近,直接带隙半导体的光吸收系数与光子能量关系为:

$$a(hv) = A(hv - E_g^d)^{1/2}$$

其中, $A \approx \dfrac{e^2 (2\mu^*)^{3/2}}{nch^2 m_e^*}$,是与材料结构的特征相关的常数; E_g^d 是直接跃迁带隙能量。

对于间接带隙半导体,它的光吸收系数与光子能量关系为:

$$a(hv) = A'(hv - E_{gim}^d \pm E_{ph})^2$$

式中, hv 为光子能量; E_{ph} 为参与跃迁的声子能量;"+"对应吸收声子,而"-"对应发射声子。

将吸收系数与 $E^{1/2}$ 或 E^2 线性关系外推至吸收系数 $\alpha = 0$,即可得到直接带隙或间接带隙的值。

β-FeSi₂ 的准直接带隙的能带结构正是基于这一原理进行测量的。

图 1-8 是 β-FeSi₂ 薄膜的光吸收系数的平方与入射光能量之间的关系曲线。

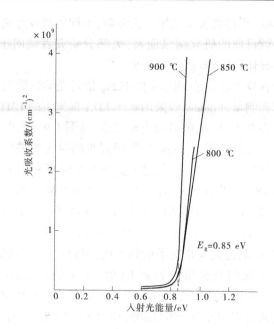

图 1-8 β-FeSi₂ 薄膜的光吸收系数的平方与入射光能量的关系

与其他半导体材料一样,β-FeSi₂ 的带隙值与温度有关,E_g 随温度的变化来源于两部分,一部分是晶格热膨胀的贡献,而另一部分则来源于电子-声子之间的相互作用,前者很小,一般情况下可忽略,而电子-声子之间相互作用的影响可表示为:

$$E_g(T) = E_g(0) + \frac{\alpha T^2}{T + \beta}$$

式中,α、β 为恒定参数;β 与德拜温度有关。

因此,可由实验测量一定温度下的 E_g 值,并导出 $T = 0$ K 时的带隙宽度。大部分的光学测量都表明,β-FeSi₂ 是直接带隙材料,带隙值在 0.7~1.0 eV,似乎膜的结构质量对其带隙性质影响不大,只是对带隙的值有一定的影响。也有研究者报道同时观察到了直接与间接跃迁,其间接带隙值介于 0.53~0.81 eV,参与的声子能量约为 35 meV。因为实际的样品中总是或多或少地存在缺陷或杂质,受它们形成的带边态或带尾的影响,所得的实验结果较为分散,不同研究者得到的带隙值有较大差异。就目前的研究结果而言,大部分研究者倾向于 β-FeSi$_2$ 是直接带隙半导体,其能隙值约为 0.87 eV。

有研究者在较大能量范围内对 β-FeSi$_2$ 带间光学性质用椭偏光谱法进行了计算和测量,Filonov 等采用基于 LDA 框架下的 LMTO 方法计算了光子能量在 0.5～5 eV 的带间光学性质,见图 1-9(a),并由椭偏光谱测量得到了一致的结果。Lange 等利用同步辐射光源进行椭偏光谱测量,光子能量可以高达 24 eV,其结果如图 1-9(b)所示。由图 1-9(b)可以看到,β-FeSi$_2$ 的带间光谱由三个主要结构表征。其中最显著的结构发生于 1～2 eV,第二个结构大约位于 4.5 eV 处,而第三个强度最小的结构则位于 14.5 eV 处。由能态密度的理论计算可知,β-FeSi$_2$ 的导带态密度在 E_F 附近具有相对平滑的变化,因而正比于带间联合态密度的 ε_2,主要反映的是价带态密度(VBDOS, valence-band density of states)的分布。由 Fe 的 3d 态和 Si 的 P 态混合形成的非成键价带态到空的导带态的跃迁对应于 ε_2 的低能峰,而由 Fe-3d 与 Si-3P 组成的杂化态到导带的跃迁贡献给介于 4～5 eV 的第二个主要结构,位于 14～15 eV 强度较低的第三个结构则反映了价带中 Si 的类 s 态到导带的跃迁。

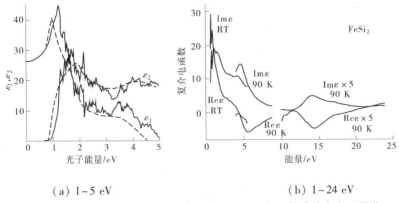

（a）1～5 eV　　　　　　（b）1～24 eV

图 1-9　理论计算和实验测量的半导体 β-FeSi$_2$ 多晶薄膜的介电函数谱

1.2.6 β-FeSi$_2$ 材料的晶格振动性质

由红外光学响应和喇曼散射的测量,可了解与材料的晶格振动相关的信息。晶格振动的光学支格波频率 ω_{TO} 在红外区,以电磁波(光波)入射至半导体材料,当入射波频率 $\omega = \omega_{TO}$ 时,将发生共振,产生红外吸收(响应)。如果入射光与声子模发生非弹性散射,即所谓的喇曼散射。其散射波频率相对于入射波频率发生位移,相应于吸收(反斯托克斯效应)或发射声子(斯托克斯效应)。喇曼散射中所涉及的声子波矢很小,仅相应于 $k \approx 0$ 的声子。在有中心对称性的晶体中,红外活性和喇曼活性声子模不能同时出现,而对没有中心对称性的晶体,红外活性和喇曼活性声子模则可同时出现。

β-FeSi$_2$ 的声子谱与衬底取向、薄膜厚度、生长温度有退火条件的关系等,无论从理论上还是从实验上都已经进行了研究。按 β-FeSi$_2$ 的晶体结构,每个底心正交晶胞内有 48 个原子,而每个原胞内则只有 24 个原子。按晶格振动理论,共可以产生 72 支振动模式,其中 3 支为声学模,描述原胞的整体平移运动;其余的为光学模,描述原胞内原子之间的相对运动。由于底心正交结构具有中心对称性,从理论上说,其红外活性和喇曼活性声子模不可能同时出现。

实验中观察到的多晶 β-FeSi$_2$ 膜的红外反射和吸收谱通常显示出五峰特性。Ayachea 等在室温下研究了离子束合成 β-FeSi$_2$ 的在 200~500 cm^{-1} 范围内的红外吸收和 150~540 cm^{-1} 范围内的喇曼散射,其结果分别如图 1-10 和图 1-11 所示。从其红外谱中可以清楚地看到,位于 263.8 cm^{-1}、300 cm^{-1}、310 cm^{-1}、344 cm^{-1}、425 cm^{-1} 的五个主峰,它们产生于 Fe 原子相对于 Si 原子的运动,峰位重叠,使得实验观察到的模式数少于理论预言,对于质量更好的晶粒或尺寸更大的外延膜,其红外谱将更为复杂,能提供的信息也更为丰富。图 1-11 所显示的喇曼谱中位于 520 cm^{-1} 的主峰来自衬底硅,而位于 173 cm^{-1}、192.3 cm^{-1}、198 cm^{-1} 和 245 cm^{-1} 的几个峰则来源于 Fe-Si 的相对振动,测量值较理论值向低能方向偏移,这种偏移可以解释为注入和退火过程中所引入的应力的影响。

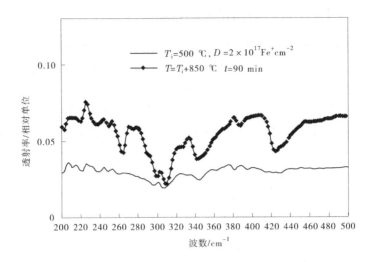

图 1-10　　离子束合成方法制备的 β-FeSi$_2$ 在刚注入和退火后的样品中的 IR 谱

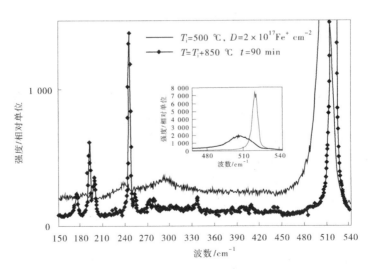

图 1-11　　离子束合成方法制备的 β-FeSi$_2$ 在刚注入和退火后的样品中的 Raman 谱

1.2.7 β-FeSi₂ 的掺杂、电学性质及输运性质

作为半导体材料,β-FeSi₂ 的导电类型、载流子浓度、迁移率,以及掺杂对其导电类型和输运特性的影响等问题被广泛研究。非有意掺杂的 β-FeSi₂ 一般显示 p 型导电,Fe/Si 原子比变化或掺杂可使其导电类型发生变化。如 Seki 等发现,MBE 制备的外延膜沉积 Si/Fe 比在 2.1 和 2.4 之间时,其导电类型由 p 型转变为 n 型,并且给出其施主能级和受主能级分别为 $E_d = 0.21$ eV 和 $E_a = 0.11$ eV。掺杂研究指出,掺 Co、Ni、Pt、Pd 或 B 时,显示 n 型导电性,而掺入 Mn、Cr、V、Ti 和 Al 时,则显示出 p 型导电,杂质能级一般在 0.07~0.14 eV,且随杂质浓度的增加而减小。当杂质浓度或退火温度发生变化时,也有可能使其导电类型由 p 型向 n 型转变。

半导体 β-FeSi₂ 的电阻率(电导率)与杂质种类、浓度及温度密切相关,其块体材料的室温电阻率值介于 0.2~100 Ω·cm。从其电阻率(电导率)与温度和杂质浓度的关系看,主要表现为四种不同的输运机制:杂质带导电和非本征区,电离杂质饱和的能带导电和本征区。半导体硅化物的电阻率(电导率)也强烈地依赖于晶体结构,一般而言,薄膜电阻率较单晶体材料低一些[室温下<1(Ω·cm)],单晶体中掺杂与未掺杂材料的电阻率差更为显著,当温度高于 80 K 时,电阻率强烈地依赖于掺杂。Tassis 等研究了 50~300 K 未掺杂的多晶 β-FeSi₂ 薄膜的电输运行为,低温区(50~200 K)观察到了可变范围的跳跃导电,而中温区(200~300 K),其 $\ln\sigma$-$10^3/T$ 关系显示出扭结或连续弯曲特性,如图 1-12 所示,表明其遵循 Meyer-Neldel 定则,说明材料存在一定的无序度,从而在禁带中费米能级附近产生了一定密度的态分布,并使费米能级发生了位移。Dmitriadis 等研究了多晶 β-FeSi₂ 体材料及薄膜的电输运性质,其薄膜材料的电导率、载流子浓度和迁移率的温度依赖关系如图 1-13 所示。测量结果显示,其室温电阻率约 1(Ω·cm),表现出非本征导电性(p 型),当温度达到 500 K 以上时,表现出本征导电性,热激活能约为 0.43 eV。Hall 迁移率的测量表明,薄膜缺陷密度很高(10^{19}/cm³),而空穴迁移率很低[1~2 cm²/(V·s)]。降低生长温

度可减小缺陷密度,提高电导率和载流子迁移率,但是,降低生长温度也会导致薄膜结晶质量下降,从而影响其电学性质和光学性质,因而需要在两者之间寻求合适的平衡点。

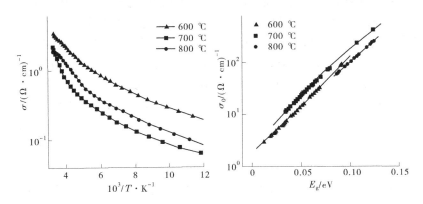

图 1-12　在传统炉中 600 ℃、700 ℃和 800 ℃退火 1 h 形成的多晶 β-FeSi₂ 薄膜电导率-温度(σ-$10^3/T$)的关系与电导率-激活能(σ_0-E_g)关系

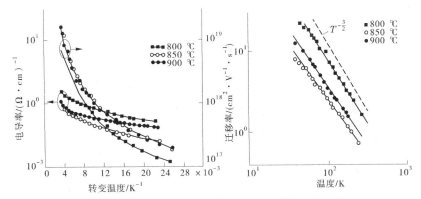

图 1-13　在不同温度下生长的 β-FeSi₂ 薄膜的电导率、载流子浓度和迁移率的温度依赖关系

虽然大部分文献报道具有较高的载流子浓度和较低的载流子迁移率,但 Takakura 等称通过缓冲层方法制备及高温退火技术,在 900 ℃

退火 42 h 的 n 型 β-FeSi$_2$ 薄膜中,在 46 K 时观察到电子迁移率达到 6 900 cm^2/(V·s),电子浓度由室温的 2×10^{20}cm^3 降低至 3×10^{18}cm^3。该研究小组在 2004 年的报道中称,由 MBE 生长的 β-FeSi$_2$ 薄膜中最大迁移率分别是电子 3 800 cm^2/(V·s)(65 K)和空穴 1 900 cm^2/(V·s)(60 K),而由多层膜技术制备的 β-FeSi$_2$ 薄膜在 50 K 时最大的电子迁移率和空穴则高达 6 900 cm^2/(V·s)和 13 000 cm^2/(V·s),在 100 ℃时,共沉积制备的薄膜中空穴的最大迁移与多层膜中结果一致。

通过在硅上外延 β-FeSi$_2$ 薄膜制备形成的二极管,显示出典型的 PN 结二极管特性,其 $I—V$ 关系和 $C—V$ 关系分别如图 1-14 和图 1-15 所示。

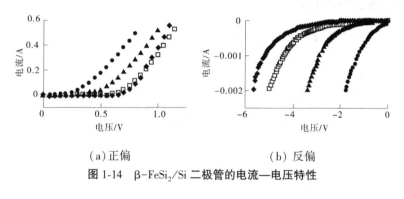

（a）正偏　　　　　　　　　（b）反偏

图 1-14　β-FeSi$_2$/Si 二极管的电流—电压特性

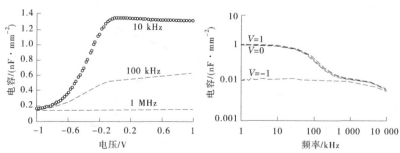

图 1-15　β-FeSi$_2$/Si 二极管在不同频率和不同温度下的电容—电压特性

早期 β-FeSi$_2$ 主要是作为最有应用前景的热电材料被研究,自

1982 年开始,在每年召开一次的国际热电材料会议上,与 β-FeSi₂ 有关的材料或器件都是一个重要的议题。作为热电转换材料,β-FeSi₂ 不仅具有高的热电转换功率和大的 Seebeck 系数,而且在较大温度范围内具有良好的抗腐蚀性和热稳定性。描述材料热电性质的重要物理量是热电优值,其表达式为:

$$Z = \frac{S^2 \sigma}{k_{\text{latt}} + k_{\text{el}}}$$

式中,S 为 Seebeck 系数;σ 为电导率;k_{latt} 和 k_{el} 分别为晶格热导率和电子热导率。

图 1-16 给出了电导率 σ、Seebeck 系数 S、热导率 k_{latt} 和 k_{el} 与载流子浓度之间的关系。

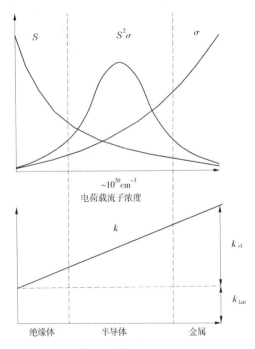

图 1-16　电导率 σ、Seebeck 系数 S、热导率 $k = k_{\text{latt}} + k_{\text{el}}$ 与载流子浓度之间的关系

在单带模型中,热电优值正比于参数 β:

$$\beta = \frac{T^{5/2}N_v(m^*)^{\frac{3}{2}}\mu}{k_{latt}}$$

式中,T 为温度;N_v 为能带底部或顶部等价态密度;m^* 为载流子有效质量;μ 为载流子迁移率。具有高 β 值的材料被认为是好的热电材料。大多数半导体硅化物具有高的 β 值,这是因为复杂的晶体结构导致其具有低的晶格热导率,以及源于过渡金属硅化物带边的成键和反键 d 态的高的有效质量。与此相反,过渡金属硅化物带边的成键和反键 d 态又使得其具有很小的载流子迁移率,使其功率因数受到限制。半导体硅化物作为经典热电材料,其效率低于经典极限 $ZT=1$,但是利用多层膜技术,可以实现 $ZT>1$,这是因为多层膜结构中量子阱的量子限制效应和界面处声子散射增强引起 Z 增加所致。

β-FeSi$_2$ 最早作为热电功率产生器是 Ware 等于 1964 年提出的。在那之后,对多晶体材料、单晶体材料和多晶薄膜材料的热电性质均进行了深入细致的研究,但不同研究小组报道的结果却甚为分散,因为材料的结构、制备技术及原材料与制备过程中无意引入的杂质均会对其热电性质产生较大的影响。半导体 β-FeSi$_2$ 虽然有高的 Seebeck 系数,但相对于传统热电材料如 Bi$_2$Te$_3$,其热电优值并不高,通过有控制地掺杂及缓冲层技术,可以极大地提高和改善材料的热电性质。He 等研究了热压烧结 Al 和 Co 掺杂 β-FeSi$_2$ 的热电性质,其 ZT—T 关系如图 1-17(a)所示。其 ZT 先随温度增加而增加,Al 和 Co 掺杂材料分别为 873 K 和 923 K,达到最大值,之后当温度继续增加时,其 ZT 逐渐减小,最大值 $ZT=0.182$,在组分为 Fe$_{0.95}$Co$_{0.05}$Si$_2$、烧结温度 1 223 K、压强 50 MPa 下烧结 30 min 的样品中测量得到。Chen 等也研究了热压烧结 Co 掺杂 β-FeSi$_2$ 的热电性质,结果如图 1-17(b)所示,他们在 908 K 时,测量组分为 Fe$_{0.94}$Co$_{0.06}$Si$_{2.00}$ 的样品,得到其最大 $ZT=0.25$,样品在 800 ℃ 预先退火 2 h,然后在 880 ℃、70 MPa 压强下烧结 30 min。

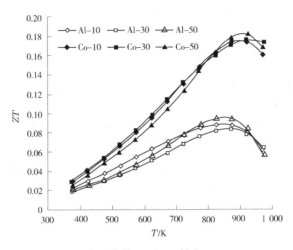

（a）热压烧结 Al 和 Co 掺杂 β-FeSi₂

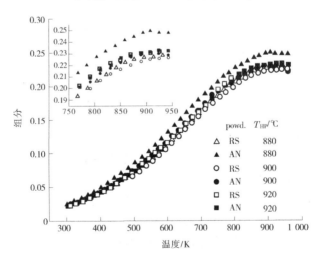

（b）热压烧结 Co 掺杂 β-FeSi₂

图 1-17　热压烧结 β-FeSi₂ 的 ZT—T 关系

β-FeSi₂ 体材料为间接带隙材料；外延薄膜由于晶格的不匹配、热膨胀系数的不同以及体积的变化，处于应变状态，其电子结构发生变化,β-FeSi$_2$ 的能带结构由间接带隙转变为直接带隙。

β-FeSi$_2$ 薄膜是一种在室温时带隙宽度为 0.83~0.87 eV 的半导体材料,光吸收系数很大,光子能量在 1 eV 以上时光吸收系数超过 1×10^5 cm^{-1};在光子能量为 6.26 eV 时,光吸收系数达到峰值 2.67×10^5 cm^{-1}。此数值远大于其他的太阳能电池常用材料,如单晶硅、非晶硅、CuInSe$_2$ 和 GaAs 的吸收系数值。

β-FeSi$_2$ 对红外光的吸收能力很强,理论的光电转换效率为 16%~23%,仅次于晶体硅。β-FeSi$_2$ 的化学稳定性高(高达 937 ℃),兼容传统的硅集成工艺,容易制备基于 β-FeSi$_2$ 的器件,制作薄膜光电器件、高性能高效的薄膜太阳能电池器件等,生产成本低,是很有发展潜力的新型光电子材料。

半导体硅化物的发光特性是材料能作为光电子器件的物理基础,β-FeSi$_2$ 的光致发光(PL, photoluminescence)早有报道,而电致发光(EL, electroluminescent)早期仅在由 IBS 方法制备的硅基质中 β-FeSi$_2$ 的淀积物层中观察到,因此有人认为,这种发光主要是与缺陷相关的现象。然而,也有证据表明,有与缺陷不完全重叠的本征信号存在。理论研究指出,通过 β-FeSi$_2$ 的晶格畸变可使其位于 Y 点处的直接带隙变为最小带隙,于是,嵌入硅基质中的硅化物淀积物也许会表现出与其体材料不同的电子学特性,这也许能解释这种材料的发光现象。除此之外,量子限制效应及界面效应也许在其中扮演了重要的角色。

研究者发现,在其他方法制备的 β-FeSi$_2$ 薄膜中也观察到了 PL 和 EL 现象,如 MBE、IBSD、MS 等方法制备的薄膜,但其发光特性及其发光机制均需进行进一步的研究。相对于传统的半导体发光材料如Ⅲ—Ⅴ族或Ⅱ—Ⅵ化合物半导体而言,β-FeSi$_2$ 的发光强度要低 1~2 个数量级,研究者正致力于尝试各种方法和手段,以改善材料的结构和质量,进而提高其发光特性和强度。

同其他太阳能电池相比,β-FeSi$_2$ 薄膜电池可集电池和组件于一体,其生产成本低的优势明显。另外,通过掺入不同杂质可以很方便地制备 p 型或 n 型 β-FeSi$_2$ 薄膜,在高温下,半导体 β-FeSi$_2$ 容易转变为金属相的 α-FeSi$_2$ 薄膜,这为制备欧姆电极带来了便利。

β-FeSi$_2$ 中的 Si 元素和 Fe 元素在地壳中含量丰富,成本低廉,且具有较强的抗氧化和抗化学腐蚀特性,对环境的负荷小,在制造和使用过程中不会对生态环境造成破坏,且可以回收再利用,是环境友好型半导体材料。

1.3　β-FeSi$_2$ 薄膜的制备及应用

半导体 β-FeSi$_2$ 作为新型光电子材料的研究,始于 20 世纪 80 年代中期,在理论研究方面,欧洲国家的研究者从理论上对 β-FeSi$_2$ 的晶体结构、与硅基片的外延关系、电子能带结构,带间光学跃迁性质、晶格振动性质等进行了全面系统的研究;而对 β-FeSi$_2$ 的应用研究,以日本最为活跃,他们对 β-FeSi$_2$ 薄膜和单晶材料进行了多方面的研究,在他们的研究中几乎用到了所有可能的制备方法,如金属有机化合物化学气相沉淀(MOCVD,metal-organic chemical vapor deposition)、分子束外延(MBE,molecular beam epitaxy)、离子束合成(IBS,ion beam synthesis)、离子束溅射沉积(IBSD,ion beam sputter deposition)和磁控溅射(MS,magnetron sputtering)等方法和测量、表征技术。早期的研究者主要是采用 MBE 和 IBS 技术制备样品,除了结构表征,也有开展器件制备和性质研究的。

在众多的研究小组中,英国的 Surry 大学以 K. P. Homewood 为首的研究小组,一直走在该领域的前沿,香港中文大学也开展了对半导体 β-FeSi$_2$ 的研究工作,他们主要采用离子束合成(IBS)或离子束辅助溅射沉积(IBSD)的方法制备 β-FeSi$_2$ 埋层结构或薄膜样品,以透射电子显微镜(TEM,transmission electron microscope)、扫描电子显微镜(SEM,scanning electron microscope)、X 射线衍射(XRD,X-ray diffraction)和基于风险的监管(RBS,risk based supervision)等技术进行结构表征,并对材料的能带结构、带间光学性质、输运机制、发光特性等进行了系统研究,目前已经在开展器件结构及性质方面的研究工作。此外,台湾清华大学自 1985 年以来一直致力于 β-FeSi$_2$ 的研究工作。

浙江大学采用热压烧结方法制备了掺杂(Co、Ni 和 AL)多晶

β-FeSi$_2$ 体材料,并对其微结构、相变过程和热电性质进行了研究;华中科技大学首次用飞秒激光消融 FeSi$_2$ 合金靶,成功地制备了单一相的 β-FeSi$_2$,并用 X 射线衍射、场扫描电镜、扫描探针、电子背散射衍射谱和傅里叶变换红外-拉曼谱对其结构和性质进行了表征,还观察到了位于 1.53 μm 的室温(20 ℃)光致发光现象;山东大学与加拿大、美国、日本的研究者合作,原位观察了电子束辐照对极薄(少于 20 单层)的异质外延 β-FeSi$_2$ 薄膜结构的影响,发现电子束辐照的效果强烈地依赖于膜的厚度,这是因为极薄膜在异质外延过程中所引起明显的晶格畸变对辐照极为敏感;厦门大学与日本的研究者合作,研究了以嵌入硅基质中的 β-FeSi$_2$ 粒子作为活性层的 LED 的电致发光问题;清华大学根据一个简单模型,从理论上分析、预言了一种最佳的异质外延界面:表面取向为($-2.911-1$)Si 的有台阶的 Si 衬底,在其上可以长出质量更好的外延 β-FeSi$_2$ 薄膜。大连理工大学对离子束合成 β-FeSi$_2$ 薄膜的显微结构及其与 Si 基体的取向关系和 C 掺杂对 β-FeSi$_2$ 薄膜质量的影响等进行了报道;中国科学院物理研究所和燕山大学以 I$_2$ 作输运剂,用化学气相输运(CVT, chemical vapor transport)方法同时制备了针状和颗粒状的 β-FeSi$_2$ 单晶,并对其生长过程中的相变问题进行了研究;中国科学院上海技术物理研究所研究了固相外延(SPE, solid phase epitaxy)和反应沉积外延(RDE, reactive deposition epitaxy)制备的 β-FeSi$_2$ 外延膜的光学性质、光电性质和光电流谱,同时观察到了来自 β-FeSi$_2$ 的与缺陷相关的非本征跃迁和来自 Si 衬底的本征跃迁,光电流谱和吸收谱测量均显示了 β-FeSi$_2$ 外延膜的直接带隙特性,并得出,较高的衬底温度时得到的外延膜的质量更好;中国科学院上海冶金所对反应沉积 β-FeSi$_2$ 外延膜的结构和退火条件对 β-FeSi$_2$ 形成的影响进行了研究,发现延长退火时间可以提高晶体质量;东南大学采用机械合金法制备了 β-FeSi$_2$,对其相变特性进行了研究;北京师范大学对 Si(111)衬底上 IBE 法外延生长的 β-FeSi$_2$ 薄膜进行了研究,发现 600 ℃的生长温度和 800 ℃的退火温度能够获得优良的 β-FeSi$_2$ 薄膜;北京师范大学采用电子能谱对 β-FeSi$_2$/Si 薄膜进行了分析,认为,Fe、Si 通过空位机制进行增强互扩散,在高温下生长出与 Si 晶格相匹配的

β-FeSi$_2$；中国科学院物理研究所对 Fe/Si 多层膜的层间耦合与界面扩散进行了研究。

贵州大学谢泉教授一直在开展新型环境半导体材料的制备及性质研究，特别是 β-FeSi$_2$ 的研究工作，采用 IBS 和 MBE 技术，对 β-FeSi$_2$ 薄膜的制备、热处理工艺、薄膜的结构及光电特性进行了基础性研究，首次测试出 β-FeSi$_2$ 薄膜在强磁场 30 T 下，巨磁阻达到 40%，为其在存储介质方面的应用创造了条件。张晋敏教授进一步研究了 β-FeSi$_2$ 薄膜的制备工艺，并且申请了国家发明专利。闫万珺教授从理论上对 FeSi$_2$ 的性质进行了深化研究，取得了比较好的研究成果。

1.3.1　单晶 β-FeSi$_2$ 生长

从 Fe-Si 相图知，β-FeSi$_2$ 是常温稳定相，在 937 ℃ 以上要转化为 α-FeSi$_2$，因而不能由 Flux 和 Melt 方法生长 β-FeSi$_2$ 单晶，其单晶生长多采用化学气相输运（CVT）方法，Arushanov 等以 I$_2$ 作输运剂，制备了最长达到 10 mm 的针状单晶，测量表明，未掺杂的样品显示 n 型导电性，而 Cr 掺杂和 Al 掺杂样品显示 p 型导电性，Hall 测量表明，n 型样品中有两种类型载流子，分别称为重电子和轻电子，重电子低温（37 K）时迁移率为 48 cm^2/（V·s），而 p-型样品在 67 K 时最大空穴迁移率达 1 200 cm^2/（V·s）。Behr 等同样以 I$_2$ 作为输运剂，使用高纯硅（>5 N）和铁（4N8）作为原料，以 CVT 方法制备了纯度高达 99.996% 的 β-FeSi$_2$ 单晶，电活性杂质浓度低于 20 ppm，针状单晶尺寸为（5~10）mm×2 mm×0.5 mm。中国科学院物理研究所和燕山大学的李延春等采用 I$_2$ 作输运剂的 CVT 方法也得到了针状 β-FeSi$_2$ 单晶，并首次得到了颗粒状的 β-FeSi$_2$ 单晶，但由于铁源纯度只有 99.9%，其最终产物的纯度也不高。近年来，也有采用其他方法，如以 Sn、Zn 作溶剂的温度梯度溶液生长方法，成功制备非掺杂或掺杂的 β-FeSi$_2$ 单晶的报道，2006 年日本的 Wang 等采用 I$_2$ 作输运剂，得到了迄今为止最大尺寸的 β-FeSi$_2$ 单晶：22 mm×3.5 mm×1 mm，至今没有被其他研究者突破。

1.3.2　多晶体 β-FeSi$_2$ 材料

多晶体 β-FeSi$_2$ 材料多采用真空热压烧结制备，也有用其他方法，如传统的熔炼烧结或放电等离子烧结方法。高温烧结得到的是 $\alpha\text{-FeSi}_2$，但在较低温度（720 ℃ 以上）下退火，$\alpha\text{-FeSi}_2$ 将发生包析反应，如下所示：

$$\alpha - \text{FeSi}_2 + \varepsilon - \text{FeSi} \rightarrow \beta - \text{FeSi}_2$$

并且在 950 ℃ 以下发生共析反应，如下所示：

$$\alpha - \text{FeSi}_2 \rightarrow \beta - \text{FeSi}_2 + \text{Si}$$

因此要得到 $\beta\text{-FeSi}_2$ 多晶体材料，一般先是高温烧结，然后在较低温度（720 ℃ $<T<$ 950 ℃）长时间退火。多晶体 $\beta\text{-FeSi}_2$ 主要用作热电材料，Nogi 和 Kita 比较了热压烧结和 SPS 方法制备 $\beta\text{-FeSi}_2$ 的条件及所得样品的热电性质，结果显示，同样质量的原材料，烧结温度均为 1 173 K，要得到 β 相大于 90% 的多晶体材料，用 SPS 方法仅需要烧结 5 min，而 HP 方法所需烧结时间为 30 min，虽然 SPS 方法制备的样品 Seebeck 系数较 HP 方法制备样品略低，但两者的热电优值却相差无几，这是因为 SPS 方法制备样品的热导率低于 HP 方法制备样品的缘故，他们认为，SPS 方法优于 HP 方法。

$\beta\text{-FeSi}_2$ 薄膜材料具有优异的光电性能，其制备方法有多种。

$\beta\text{-FeSi}_2$ 作为光电子材料，多采用薄膜结构。几乎所有的薄膜制备技术均可用于 $\beta\text{-FeSi}_2$ 薄膜的制备，从结构上说，主要有在 Si 衬底上直接沉积金属 Fe 膜的 Fe/Si 双层膜结构，Fe、Si 共蒸发或共溅射的共沉积 Fe+Si/Si 结构，或者采用非 Si 衬底、重复沉积 Fe 和 Si 的多层膜 $(\text{Fe/Si})_n$/Si 结构和 Fe 注入 Si 中形成埋层或淀积物结构等几种形式，有时还采用缓冲层技术或应变衬底以减小薄膜与衬底间的晶格失配或控制原子扩散过程；从生长机制看，则主要有固相合成和反应合成，两者的区别在于薄膜沉积过程中衬底是否加热；从方法上说，则主要有化学气相沉积（CVD）、蒸发沉积（主要是电子束蒸发）、溅射沉积 [主要指离子束溅射沉积（IBSD）和磁控溅射沉积（MS）]、分子束外延（MBE）、脉冲激光辅助沉积（PLD, pulsed laser deposition）和离子束合成（IBS）等；一般情况下，除反应合成和离子束合成外，沉积后的薄膜均需做热处理。

为了提高薄膜的结构质量，包括反应沉积和离子束合成的薄膜，有时还需进行后继的热处理。沉积薄膜后的热处理工艺主要有以下几种：一步退火：惰性气体(Ar)或化学不活泼气体(N₂)保护下的气氛退火→真空退火→激光扫描或辐照→离子束辐照(离子束混合 IBM)；两步退火，快速热退火(RTA, rapid thermal annealing)+气氛退火或真空退火→激光或离子束辐照+退火。薄膜中硅化物的物相、结构和结晶质量与膜沉积速率、膜厚、退火温度和退火时间等有密切关系，各种方法均可能得到外延单晶膜或多晶膜，外延单晶膜通常较薄(不超过 10 nm)，即使采用缓冲层技术，外延单晶膜的厚度最多也只有几十纳米，而多晶膜厚度可以从几纳米到几个微米不等。

按成膜机制分类，薄膜的制备方法大致可分为物理气相沉积(PVD)法和化学气相沉积(CVD)法两大类。

物理气相沉积方法制备 β-FeSi₂ 薄膜，主要有分子束外延法、离子束合成法、磁控溅射法、脉冲激光沉积法。

分子束外延(MBE)法：它是在衬底基片上预先沉积一层薄的 Fe 膜，然后在其上面蒸发一定比例的 Fe 和 Si，并使基片保持约 650 ℃的温度，从而得到单一相的 β-FeSi₂。研究结果表明，利用模板技术可以较好地控制 β-FeSi₂ 的结晶取向和 Fe 向 Si 基体的扩散，从而提高 β-FeSi₂ 薄膜的质量。

离子束合成(IBS)法：此方法在制备 β-FeSi₂ 薄膜的应用中较多。先在 Si 衬底基片中注入一定量的 Fe 离子，然后在一定温度下进行热处理，形成 β-FeSi₂ 薄膜。

磁控溅射(MS)法：它是在超高真空环境中，利用磁控溅射系统先在 Si 衬底上沉积一层 Fe 膜，然后在一定温度下，在真空中或在保护气氛中进行高温退火，通过 Fe 原子和 Si 原子间的相互扩散，实现固相反应，以形成铁硅的化合物。在此过程中，要注意 Fe 原子膜在高温处理过程中在硅中的扩散造成的污染和在硅的禁带中引入 EV+0.63 eV 的深能级中心，从而显著降低硅材料的少数载流子寿命，降低太阳能电池的光电转换效率。利用磁控溅射法制备 β-FeSi₂ 薄膜的关键是退火的温度和保温时间。

脉冲激光沉积(PLD)法：采用高能量密度的脉冲激光溅射靶材将高纯 Fe 和 Si 蒸发后，以原子、原子团的形式喷射到加热的 Si 衬底上沉积成膜，然后退火生成 β-FeSi₂ 薄膜。用此方法制备的薄膜，靶的成分与薄膜的成分可以保持高度的一致,特别是近年来飞秒激光系统的引入,使得 PLD 法制备出了更加均匀的 β-FeSi$_2$ 薄膜。

化学气相沉积(CVD)法制备 β-FeSi$_2$ 薄膜:主要是利用 Fe(CO)$_5$ 的热解性,采用 MOCVD 法先在 Si 衬底上制备一层 Fe 膜,然后退火生成 β-FeSi$_2$ 薄膜。另外,还可以使氯气通过加热的高纯 Fe 反应生成 FeCl$_3$,然后通过气流把 FeCl$_3$ 带入反应室,与硅烷(SiH$_4$)在衬底上反应生成 β-FeSi$_2$ 薄膜。

高晓波采用热蒸发的方式来制备 β-FeSi$_2$ 薄膜。采用此方法制备的 β-FeSi$_2$ 薄膜结晶质量低于磁控溅射法制备的 β-FeSi$_2$ 薄膜的结晶质量,但是其平整度要优于使用磁控溅射法制备的 β-FeSi$_2$ 薄膜。

李慧、吴正龙等采用离子束外延法在 Si(111)衬底上制备出 β-FeSi$_2$ 薄膜,生长温度为 600 ℃ 和退火温度为 800 ℃ 时,能获得良好的 β-FeSi$_2$ 薄膜。电子能谱分析表明,Fe、Si 通过空位机制进行相互扩散,在高温下可以生长出与 Si 晶格相匹配的 β-FeSi$_2$ 薄膜。

除了得到纯净的 β-FeSi$_2$ 薄膜,还可以在沉积的过程中进行掺杂,以得到不同导电类型和输运特性的膜,既可以掺入金属杂质,如 Co、Ni、Pt、Pd、Mn、Cr、V、Ti 和 Al 等,以取代其中的 Fe,同时也可以掺入非金属杂质,如 C、B、P、As 等。掺杂除了可以改变电性质,有时也可用于改善膜的结构性质和界面的平整度。

制备 β-FeSi$_2$ 薄膜都需要经过后续的高温退火处理,并且热处理的温度和保温时间直接影响着薄膜的质量。由于 Si 衬底与 β-FeSi$_2$ 之间取向关系复杂、高温下 Fe 在 Si 中的扩散关系复杂以及界面失配应力较大等原因,使得制备高质量、单一相的 β-FeSi$_2$ 薄膜仍存在许多困难。

1.3.3 基于 β-FeSi$_2$ 薄膜的发光器件

具有半导体性质的 β-FeSi$_2$ 薄膜的研究开始于 20 世纪 80 年代中期,从那时起,在 Si 基片上实现 β-FeSi$_2$ 的异质结的研究一直在进行中。

Leong 教授等采用离子束注入技术制备了 p-Si/β-FeSi$_2$/n-Si 结构

的 LED,并在 Nature 上发表了此 LED 在红外发光的结果,如图 1-18 所示。结果表明,在 80 K 下得到较强的光发射,峰值波长约 1.54 μm。然而由于这种方法极易将缺陷引入器件中,它未能得到室温发光。

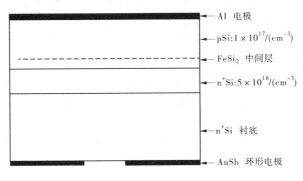

（a）β-FeSi₂ 的 LED 结构

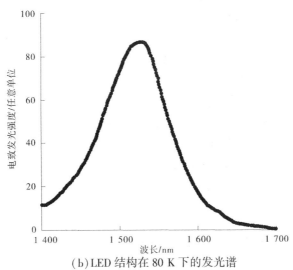

（b）LED 结构在 80 K 下的发光谱

图 1-18　离子注入制作的 β-FeSi₂ 的 LED 结构图及其在 80 K 下的发光谱

Shucheng Chu 等采用磁控溅射法制备连续的 β-FeSi₂ 薄膜构成的 p-β-FeSi₂/n-Si 结在 1.56 μm 的室温电致发光。Li Cheng 等采用

MBE 设备,用 RDE 法外延生长 β-FeSi$_2$,从而得到了在 1.5 A/cm^2 的电流密度下的室温电致发光。Sunohara 等采用反应沉积外延(RDE)和分子束外延(MBE)生长出 Si/β-FeSi$_2$ 膜/Si 结构,在温度为 77 K、β-FeSi$_2$ 厚度为 5 nm 或者 10 nm 时,能观察到显著的 1.54 μm 的光致发光,并且不需要高温退火。它的发光强度比 Si/β-FeSi$_2$ 颗粒/Si 结构近似高出一个数量级。如果进行 900 ℃ 高温退火,其光致发光的峰值将会降低,如图 1-19 所示。

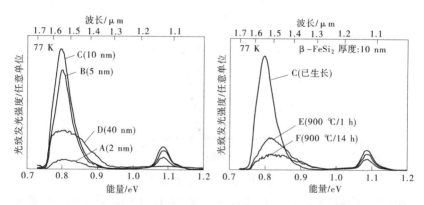

(a) β-FeSi$_2$ 厚度对 PL 的影响   (b) 在 77K 下、退火温度对 PL 的影响

图 1-19 Si/β-FeSi$_2$ 膜/Si 双异质结与 PL

Ugajin 等采用分子束外延方法制备了 Si/β-FeSi$_2$/Si(111) 结构的发光二极管,发现在 900 ℃ 退火时,其光致发光强度比 800 ℃ 退火时要高出 6 倍左右。同时也发现在 800 ℃ 退火时,β-FeSi$_2$ 不会凝聚成颗粒。在 900 ℃ 退火时,厚度较小的 β-FeSi$_2$ 会凝聚成颗粒,厚度较大的 β-FeSi$_2$ 不会凝聚成颗粒。厚度为 270 nm 的 β-FeSi$_2$ 层在 900 ℃ 退火 14 h 后,在温度为 77 K 时,双异质结的开路电压为 1.1 V,而在室温时,其开路电压为 0.4 V,如图 1-20 所示。

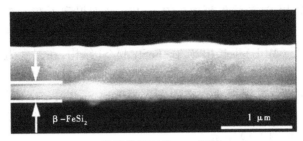

（a）样品横断面的 SEM 图像

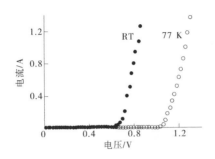

（b）样品的 I—V 特性曲线

图 1-20　样品(270 nm、900 ℃ ,退火 14 h) 横断面的 SEM 图像及 I—V 特性曲线

Muraset 等用 MBE 方法制备了 Si/β−FeSi₂/Si 结构,研究了其外延生长和发光特性。它是在 Si(001) 衬底上用 RDE 生成 β−FeSi₂,用 MBE 生成 Si,这样构造了单层、三层、五层的 Si/β−FeSi₂/Si 异质结。在温度为 77 K 时,β−FeSi₂ 的厚度为 10 nm 时,其 PL 光谱峰为最高,其光致发光强度随着 β−FeSi₂ 层数的增加而增加,但不成比例,如图 1-21 所示,它的发光强度大于 Si/β−FeSi₂ 颗粒/Si 结构的光致发光强度。

牛华蕾等利用射频磁控溅射技术,在单晶 Si(100)基片上制备了纳米 β−FeSi₂/p-Si 结构,在室温下能够检测到 β−FeSi₂ 的 1.53 μm 处光致发光。Tatar 等采用非平衡直流磁控溅射,室温下制备出 β−FeSi₂/n-Si 结构,不需要退火,其暗电流有明显的提高。它的开路电压为 360 mV,短路电流为 180 μA/cm²,如图 1-22 所示。

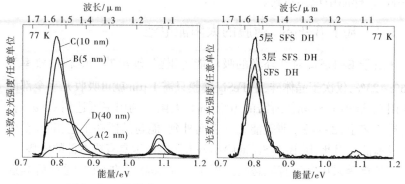

（a）β-FeSi$_2$ 厚度对 PL 的影响 　　　　（b）在 77 K 下，β-FeSi$_2$ 层数对 PL 的影响

图 1-21　Si/β-FeSi$_2$/Si 的光致发光强度

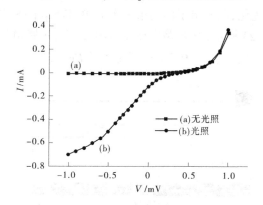

图 1-22　β-FeSi$_2$/n-Si 异质结的 I—V 特性曲线

在 β-FeSi$_2$ 发光二极管的文献中，其结构通常采用在 Si(001)或 Si(111)衬底上制备的 β-FeSi$_2$/Si 结构，或者在 Si(001)以及 Si(111)衬底上制备的 Si/β-FeSi$_2$/Si 结构。在 n-Si(111)衬底上使用反应外延沉积 RED(Reactive epitaxy deposition)生长 p-β-FeSi$_2$ 薄膜，厚度为 250 nm 左右，形成 β-FeSi$_2$/Si 结构，在室温下得到 1.56 μm 的发光。在 n-Si(111)衬底上生长 Si/β-FeSi$_2$/Si 结构，p-β-FeSi$_2$ 薄膜的厚度为 80~1 000 nm，得到 1.6 μm 的发光。实验表明，β-FeSi$_2$ 的发光主要发生在外延的薄膜、沉积的颗粒样品或者其异质结构中，而在体材料

β-FeSi₂ 样品中观察不到。

1.3.4　基于 β-FeSi₂ 薄膜的太阳能电池

由于 β-FeSi₂ 对红外光的吸收能力很强,理论的光电转换效率为 16%~23%,仅次于晶体硅,β-FeSi₂ 薄膜只需 1 μm 就可吸收几乎全部的太阳光,远小于 Si 晶体所需的 100 μm。太阳光利用率可达到 90%。在制造工艺上,β-FeSi₂ 薄膜能在硅表面外延,能与硅器件工艺相匹配,生产成本低。因此,用 β-FeSi₂ 薄膜制备太阳能电池具有成本低的优势。

郁操等采用室温直流磁控溅射 Fe-Si 组合靶的方法,通过后续退火温度的优化得到了单一相高质量的 β-FeSi₂ 薄膜,并在此基础上,采用 p-Si(111) 单晶片作为外延生长 β-FeSi₂ 薄膜的衬底,通过退火温度和薄膜厚度的优化,制备出了国内第一个 n-β-FeSi₂/p-Si 异质结太阳能电池,如图 1-23 所示,其开路电压 $V_{oc} = 0.21$ V,短路电流 $J_{sc} = 7.90$ mA/cm²,光电转化效率 $\eta = 0.38\%$,填充因子 $FF = 23\%$。

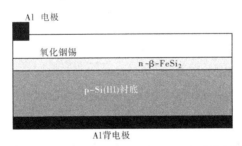

图 1-23　n-β-FeSi₂/p-Si 异质结太阳电池的结构

侯国付等通过对 Fe-Si 组合靶中 Fe 和 Si 成分的调节,实现了沉积薄膜中 Fe/Si 原子比的有效控制,在没有刻意掺杂的情况下成功制得了 p 型和 n 型导电的 β-FeSi₂ 薄膜和 n-β-FeSi₂/p-Si 电池,其开路电压 $V_{oc} = 0.35$ V,短路电流 $J_{sc} = 5.58$ mA/cm²,光电转化效率 $\eta = 0.54\%$,填充因子 $FF = 28\%$。

侯国付等采用孪生对靶磁控溅射技术,通过调整 Fe-Si 组合靶中铁靶和硅靶面积,调节沉积薄膜中的 Fe/Si 原子比。采用 p-Si(111) 单

晶片作为外延生长 β-$FeSi_2$ 薄膜的衬底，并通过退火温度和薄膜厚度的优化制备 n-β-$FeSi_2$ 薄膜，采用电子束蒸发制备透明导电膜 TCO (transparent conductive oxide)，采用热蒸发方式制备 Al 背电极和 Al 栅电极，成功制得了 n-β-$FeSi_2$/p-Si 电池，如图 1-24 所示，其开路电压 V_{oc} = 0.223 V，短路电流 J_{sc} = 8.32 mA/cm^2，光电转化效率 η = 0.562%，填充因子 FF = 30.3%。

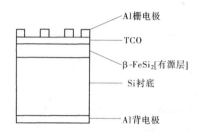

Al栅电极
TCO
β-FeSi2[有源层]
Si衬底
Al背电极

图 1-24　n-β-$FeSi_2$/p-Si 异质结太阳能电池结构

姚若河等制备了基于非 Si 衬底的 β-$FeSi_2$ 薄膜太阳能电池，通过增加薄膜硅层提高了太阳能电池的光电转换效率。电池结构如图 1-25 所示。

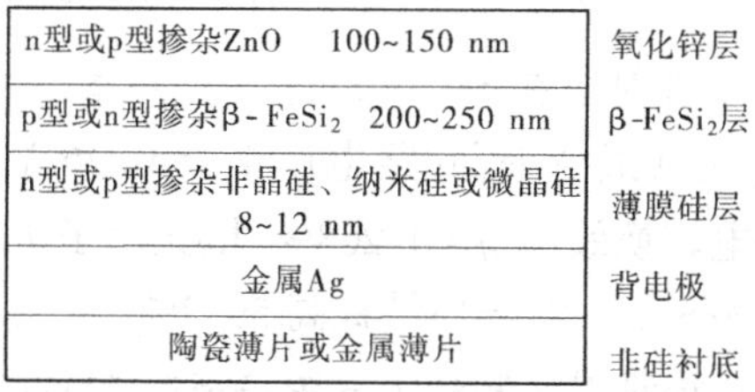

n型或p型掺杂ZnO　100~150 nm
氧化锌层
p型或n型掺杂β-FeSi2　200~250 nm
β-FeSi2层
n型或p型掺杂非晶硅、纳米硅或微晶硅 8~12 nm
薄膜硅层
金属Ag
背电极
陶瓷薄片或金属薄片
非硅衬底

图 1-25　非 Si 衬底的 β-$FeSi_2$ 薄膜太阳能电池结构

Liu Zhengxin 等采用对面靶溅射(FTS)技术，预先用两步反应沉积制备了 β-$FeSi_2$ 缓冲薄层，在 p-Si(111) 衬底上获得了(110)或(101)取向外延的 n 型 β-$FeSi_2$ 薄膜，并在此基础上制备了 n-β-$FeSi_2$/p-Si (111) 薄膜太阳能电池，如图 1-26 所示，电池的开路电压 V_{oc} = 0.45 V，短

路电流 J_{sc} = 14.84 mA/cm², 光电转化效率 η = 3.7%, 填充因子 FF = 55%。

（a）太阳能电池结构

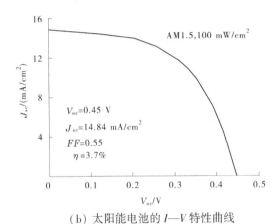

（b）太阳能电池的 I—V 特性曲线

图 1-26　n-β-FeSi₂/p-Si(111) 薄膜太阳能电池

　　许佳雄用磁控溅射法在 Si(100) 衬底上制备出 aSi/β-FeSi₂/cSi 异质结, 其光伏特性测试结果: 开路电压 V_{oc} = 0.26 V, 短路电流 J_{sc} = 2.90 mA/cm², 光电转换效率 η = 0.268%, 填充因子 FF = 35.6%, 其光电转换效率比 β-FeSi₂/c-Si 异质结提高 59.7%。

　　A. Bag 等用磁控溅射法制备了 p-β-FeSi₂(Al)/p⁺-Si/n-Si(100) 太阳能电池, 其光伏特性测试结果为 V_{oc} = 335 mV, J_{sc} = 26 mA/cm², η = 3.0%, FF = 34.4%, R_s = 103.05 Ω, R_{sh} = 761 Ω, 理想因子 IF = 1.135。电池的受光面沉积有 100 nm 厚的 ITO 层, 背光面用 Al 作欧姆电极。其太阳能电池的结构和伏安特性曲线如图 1-27 所示。

①结构图

②断面图

(a) 太阳能电池结构

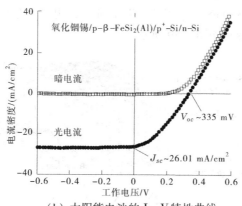

(b) 太阳能电池的 I - V 特性曲线

图 1-27 p-β-FeSi$_2$(Al)/p$^+$-Si/n-Si(100) 太阳能电池

S. L. Liew 等用磁控溅射法制备了 β-FeSi$_2$(Al)/Si 太阳能电池,其 Si 衬底为 N-Si(001),10 Ω·cm,电池是在 N$_2$ 中快速热退火制备而成的,β-FeSi$_2$(Al)层厚度为 50 nm,在电池的受光面溅射 ITO 层,在电池的背光面溅射 Ti-Al 层。研究发现,形成的 β-FeSi$_2$+Al/Al(9 nm)/Si 电池性能最优,V_{oc} = 0.45 V,J_{sc} = 3.91 mA/cm^2,η = 0.809%,FF = 45.9%,电池的伏安特性曲线如图 1-28 所示。

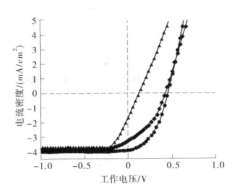

图 1-28　β-FeSi₂+Al/Al(9 nm)/Si 的 I—V 特性曲线

A. Kumar 等采用等离子增强化学气相沉积 PECVD 法（plasma enhanced chemical vapor deposition）在 3 mm 厚 400 mm×300 mm 的玻璃上制备了 p-β-FeSi₂/ p⁺ Si/n⁻ Si/n⁺ Si/SiN 电池，其 V_{oc} = 320 mV，FF = 67%，电池结构如图 1-29 所示。

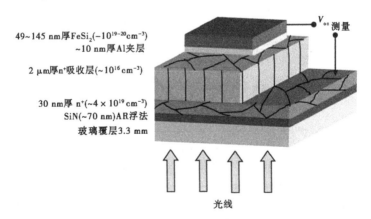

图 1-29　在玻璃上制备的 p-β-FeSi₂/p⁺ Si/n⁻ Si/n⁺ Si/SiN 电池结构

研究表明，采用不同方法制备的基于 β-FeSi₂ 薄膜的太阳能电池的光电转换效率有很大差异，其原因可能是 β-FeSi₂ 薄膜的质量和电池结构有很大区别。

　　理论和实验研究表明,体材料 β-FeSi$_2$ 是准直接带隙半导体材料, β-FeSi$_2$ 薄膜是直接带隙半导体材料。β-FeSi$_2$ 薄膜的异质结应用研究主要集中在 PL 和 EL 等 LED 领域,在太阳能电池方面的应用研究不多,所获得的光电转换效率最高的是 3.7%,远低于其 16%~23% 的理论值,其潜在研究价值很大。

　　基于 β-FeSi$_2$ 的薄膜异质结应用研究的关键之一在于如何抑制 Fe 原子向 Si 衬底的扩散。Fe 原子扩散到 Si 衬底会形成深能级,能有效地捕获少数载流子,在异质结中有大的串联电阻并产生大的漏电流,导致太阳能电池的光电转换效率低。因此,异质结有尖锐的交界面和良好的晶体特性是至关重要的。

第 2 章　半导体太阳能电池
基本原理

　　通常可以把太阳光能转换为电能,并且有电流和电压输出的装置,定义为太阳能电池。因为半导体 PN 结器件在太阳光下的光电转换效率较高,所以通常把这类光伏器件称为"太阳能电池"或"光伏电池"。太阳光照射到半导体,能量大于半导体禁带宽度的光子将被半导体吸收,产生光生载流子对,光生载流子对由半导体 PN 结所形成的内建电场分开到电池两极,在电池两极分别聚集正负、电荷,电池两极间就产生了电势,形成电池的端电压,这种现象在物理上被称为光生伏打效应,简称光伏效应。当电池的两电极间接有负载时,就有直流电输出。

2.1　PN 结对太阳光的吸收

　　太阳辐射光谱中能量集中在可见光和红外波段,波长在 0.22~4.0 μm,占总能量的 99%,其中,可见光占 43%,红外波段占 48.3%;在可见光中,波长为 0.475 μm 的蓝光的能量值最大,其太阳辐射最强。太阳辐射通过大气层后到达地球表面,由于大气对太阳辐射有一定的吸收、散射和反射作用,投射到大气上界的辐射不能完全到达地表面,有一定程度的衰减, 如图 2-1 所示。

　　从图 2-1 中可以看出,可见光的辐照度最大,红外光次之。在自然条件下,太阳辐射到达地面的波长大多在 0.3~4.0 μm,其中,99% 的太阳能是以低于 4 μm 的波长发射的,波长低于 0.3 μm 的大部分能量被大气层吸收。其中,在可见光中,波长为 0.475 μm 的蓝光的能量值仍然最大,其太阳辐射最强。因此,在制备太阳能电池时,必须首先考虑吸收利用可见光和红外波段。

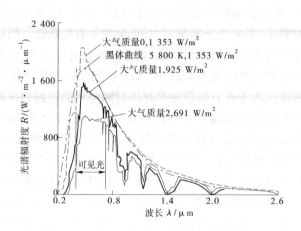

图 2-1　太阳辐照度分布曲线

半导体太阳能电池通过 PN 结吸收太阳光产生光生电子-空穴对，在光吸收过程中，一个价带的电子吸收能量跃迁到导带，从而产生一个导电电子，同时在价带中留下一个空能级，从而产生一个空穴，这样就产生了一个电子-空穴对，在此过程中，所有粒子都遵守能量守恒定律和动量守恒定律。因为光子动量远小于晶格动量，所以光子与电子交换的动量极小。

在直接带隙半导体材料中，电子在初始状态的动量和在末状态的动量几乎相等，价带中的电子只能跃迁到导带中具有相应动量的空能态。在某些直接带隙半导体材料中，量子选择定律不允许动量为零的电子直接跃迁，但是，动量不为零的电子可以直接跃迁。

在间接带隙半导体材料中，价带的能量最大值与导带的能量最小值位于不同的晶格动量处，在光吸收过程中，电子的动量不能自行守恒，也不能依靠与光子交换动量达到守恒，这就要求另外的动量来参与协助电子，以达到动量的守恒。这另外的动量来自于声子。声子是晶格振动能量量子化的一种粒子，其能量较低、动量较大。只有满足电子跃迁所需动量的声子才能参与光子吸收过程。吸收特定能量的声子或者激发产生特定能量的声子都可以促使电子吸收光子能量从价带跃迁到导带。价带中的电子可以从任何能态跃迁到导带中的任何一个空能态。

事实上,在直接带隙半导体材料中,也会发生间接跃迁;在间接带隙半导体材料中,如果光子能量过大,也会发生直接跃迁。间接跃迁过程需要电子和声子的共同参与,直接跃迁过程只有电子参与,因此间接带隙半导体材料的光吸收系数较小,光子在间接带隙半导体材料中所能达到的深度远大于在直接带隙半导体材料中所能达到的深度。直接带隙半导体材料在能隙边界的吸收系数通常快速增加,间接带隙半导体材料的吸收系数通常缓慢增加,因此,为提高太阳能电池的效率,用于制备太阳能电池的材料宜选用直接带隙半导体。如果半导体材料处在外加电场中,则会增加电子隧穿到禁带中的概率,导致光吸收起始值向较低能量偏移,光吸收系数会增加,此种情况有利于太阳能电池效率的提高。如果对半导体材料进行高掺杂或大注入,会发生价带有部分能级没有被电子占据或者导带有部分能级被填满的情形,会导致光吸收起始值向较高能量偏移,此种情况不利于太阳能电池效率的提高。

在光吸收过程中,价带中的电子有可能吸收光子能量从较低能态跃迁到价带中较高的空能态,导带中的电子有可能吸收光子能量从较低能态跃迁到较高的未填满能态,这种情况称为自由载流子的吸收,其吸收系数随着光子能量的增加而减小,它只有在光子能量大于半导体的禁带宽度时才会有明显的效应。对于单结太阳能电池而言,这种效应不会影响电子-空穴对的产生,可以忽略;对于多种能隙材料串叠的电池结构,这种效应会降低太阳电池的效率。

光照射到半导体材料上激发产生电子-空穴对,破坏了材料的热平衡状态,则材料内部必然发生一些使系统恢复到热平衡状态的过程。对于因光照产生系统内超量载流子的现象,其恢复平衡的机制就是"复合"。复合的实质是一个导带电子跃迁回价带填补一个价带空能态的过程,同时释放出能量。如果在复合过程中,以辐射光子形式释放能量,则称为发光性复合;否则,就是非发光性复合。直接带隙半导体材料和间接带隙半导体材料均可以发生发光性复合。但是,间接带隙半导体材料发生发光性复合的概率远小于直接带隙半导体材料。直接复合又称为带间复合,间接复合既包括通过禁带中的缺陷能态达成的复合,也包括通过能量与动量转换到第三个粒子来达成的复合,即俄歇复合。

发光性复合中,在低注入状态下,净复合速率主要由浓度较低的载流子,即少数载流子决定。对于间接带隙半导体材料,间接跃迁是其主要的复合过程,主要是通过能隙中间的缺陷能态进行复合的,通常是非发光性复合,用通过单一复合中心的间接复合(SRH, shockley read hall)模型来说明。

在半导体内部载流子的复合机制中,少数载流子的寿命是很重要的物理参数。如果半导体的质量高,缺陷密度少,则其少数载流子的寿命就会较长;反之,则用其制备的太阳能电池效率就会低。

在材料内部的缺陷能态能形成复合中心。此外,由于原子结构的突然中断,在材料表面及接口处也会产生许多缺陷,这些缺陷会在能级中间形成具有连续分布的缺陷能态,称为表面能态。表面能态也是复合中心,并能大幅增加载流子在材料表面的复合速率。对于太阳能电池材料而言,应尽力减少表面能态。

俄歇复合是有三个粒子共同参与作用的过程,在这一过程中获得能量的电子或空穴通过多次发射声子(与晶格原子碰撞)方式逐步消耗能量,回到价带的顶部或导带的底部。在能隙较小的半导体材料中,俄歇复合决定少数载流子寿命;在大注入或高掺杂浓度时,载流子浓度非常高,俄歇复合的效应更加重要。对于大部分的本征半导体而言,俄歇复合不可能发生。但是,对于高掺杂浓度的半导体而言,其俄歇寿命与多数载流子浓度的平方成反比,因此在能隙小、高掺杂、高温三种情况下,俄歇复合主导材料内部载流子的寿命。

实际上,在半导体材料的能隙内也有可能存在多种缺陷,因此,在材料中,每种复合都在发生。对于直接带隙半导体材料而言,除高掺杂外,发光性复合是主要的,它主导超量载流子的寿命;对于间接带隙半导体材料而言,在一般掺杂浓度范围内,通过缺陷态捕获的复合是载流子复合的主要途径;而在高掺杂(大于 10^{18} cm^{-3})时,带间俄歇复合就是主要的复合过程,它主导过剩的载流子寿命。因此,制备太阳能电池采用直接带隙半导体材料,其能隙要大,其掺杂浓度不能过高,并且半导体的质量要高,缺陷密度要少。

2.2　太阳能电池基本原理

半导体器件的最基本结构是 PN 结。PN 结是 p 型半导体与 n 型半导体紧密接触在一起所形成的,它是所有微电子器件的基础。太阳能光伏电池是利用了半导体器件 PN 结的光伏效应。在半导体的光伏效应中,光子的能量被电子吸收,电子从价带跃迁到导带。一般情况下,硅及Ⅲ—Ⅴ族半导体的禁带宽度为 1~2 eV,吸收可见光或红外光,其光电转换效率比较高。光照下产生的电子−空穴对在内建电场作用下运动,光生电子流向 n 型半导体,光生空穴流向 p 型半导体,从而产生电势差。如果外接负载,就有电流流动,如图 2-2(a)所示。这就是光伏电池的基本原理。

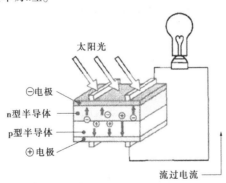

（a）太阳能电池原理

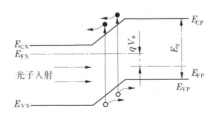

（b）PN 结太阳能电池能级

图 2-2　太阳能电池原理示意

以 PN 结为例详细说明光伏电池的工作原理。

当 p 型半导体和 n 型半导体接触时会形成 PN 结,在 PN 结的附近,电子从浓度高的 n 型区向浓度低的 p 型区扩散,同时,空穴从浓度高的 p 型区向浓度低的 n 型区扩散。电子与空穴进入对方区域后分别与相应的多数载流子空穴和多数载流子电子复合。这种复合发生在空间电荷区及其邻近区域。这样,带正电的电离施主留在 n 型区,带负电的电离受主留在 p 型区,由于 p 型区和 n 型区中的多数载流子被对方扩散来的电子和空穴复合,空间电荷区便无法继续维持电中性。扩散到一定程度后,靠近 n 型区一侧的结聚集正电荷,形成正的空间电荷区;靠近 p 型区一侧的结聚集负电荷,形成负的空间电荷区,这样,在 PN 结内形成内建电场,其所在的区域就是所谓的空间电荷区,内建电场的方向从 n 型区指向 p 型区,与载流子的扩散运动方向相反,阻碍了电子和空穴的扩散,p 型区和 n 型区中的多数载流子浓度保持不变,因此空间电荷区又称为阻挡层或耗尽区。

PN 结空间电荷区如图 2-3 所示。

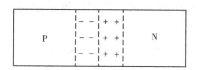

图 2-3　PN 结空间电荷区

入射光子照射到 PN 结后,如果被空间电荷区吸收,则产生光生电子-空穴对,在内建电场的作用下,光生电子向 n 型区运动,光生空穴向 p 型区运动,这样就产生了光生电子-空穴对的运动,从而产生漂移电流。

在耗尽区外,光照射在 p 型半导体和 n 型半导体上产生电子-空穴对,由于缺少内建电场的作用,并且载流子浓度基本不受光照的影响,其浓度没有明显的改变,因此在耗尽区外只会产生少数载流子的扩散电流。以 p 型半导体为例,由于耗尽区靠近 p 型区域的电子不断流向 n 型半导体,造成耗尽区边缘的电子浓度相对较低,因此 p 型半导体区内光照产生的电子会扩散进入耗尽层,先经过耗尽层,然后进入 n 型半导体区;同理,n 型半导体区光照产生的空穴也会最后进入 p 型半导体区。也就是说,光照会在耗尽区外的 p 型半导体区和 n 型半导体区产生少数载流子扩散电流。因此,当有光照射时,在耗尽区产生的漂移电流、在耗尽区外 p 型半导体区产生的电子扩散电流和在耗尽区外 n 型半导体区产生的空穴扩散电流之和就是光电流,这就是光伏电池产生的光生电流,即短路电流。当 PN 结两端接有负载电阻时,光电流从 P 极流出,在负载电阻两端形成电位差,造成 PN 结耗尽区内建电位降低,因此多数载流子的扩散电流会升高,抵消了部分光电流。

　　PN 结两端在没有外接负载的情况下,光照效应产生的光电流在 n 型半导体区端点表面积累负电荷(电子),在 p 型半导体区端点表面积累正电荷(空穴),当累积电荷产生的电压抑制耗尽区的内建电压时,多数载流子容易扩散进入耗尽区,与光照少数载流子扩散电流、耗尽区内的漂移电流复合,净电流趋近于零,此时的电压就是开路电压。通常情况下认为,PN 结两端没有外接负载时,在 p 型区和 n 型区之间产生的一个外向的可测试电压,就是开路电压。p 型区端点电压高于 n 型区端点电位,如图 2-2(b)所示。按照电流的定义,漂移电流的方向应为从 n 型区指向 p 型区。

　　W. B. Shockley 指出,当不考虑空间电荷区中的复合运动时,光生电流由分布在空间电荷区边界的两种少数载流子电流组成,即 p 型区中的电子和 n 型区中的空穴。它的前提是小注入(少数载流子浓度远低于多数载流子浓度)和 PN 结保持近似电中性(外加电场均匀分布在空间电荷区中)。

2.3　太阳能电池基本结构

　　太阳能电池本质上是一个面积较大的 PN 结,正面有减反射膜和金属负电极,背面有金属正电极,如图 2-4 所示。

　　太阳光从电池的前端射入,大部分太阳光穿透表面的抗反射层,射入半导体层,只有少部分太阳光被表面的金属网状栅极和抗反射层反射回大气中。太阳电池材料吸收光谱中能量大于半导体带隙的光波,

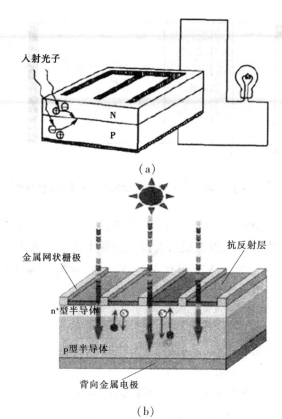

图 2-4　太阳能电池结构示意

产生光生电子-空穴对,在内建电场作用下,光生电子和空穴分别向不同的方向运动,在特定的方向形成电流,这样就把太阳光的光能转换成电能。

图 2-5 是太阳能电池的基本器件结构图。当 PN 结紧密接触到达平衡状态时,在两结连接处形成空间电荷区,也就是耗尽层。此时多数载流子浓度梯度造成的扩散电流同耗尽层内建电场产生的漂移电流完全抵消。通常假设在 p 型半导体层和 n 型半导体层足够厚,在耗尽层两边的区域呈电中性,称为中性区。

为研究太阳能电池的特性,需要求出耗尽层宽度和内建电场强度。

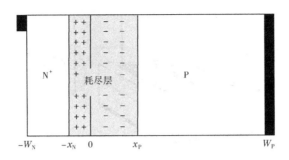

图 2-5　太阳能电池的基本器件结构图(一维 PN 结结构)

假设 p 型半导体掺入一种受主杂质,浓度为 N_A ;n 型半导体掺入一种施主杂质,浓度为 N_D ,并假设所有掺入的受主杂质和施主杂质完全电离,其浓度分别为 N_A^- 、N_D^+ ,则有 $N_A^- = N_A$, $N_D^+ = N_D$ 。则 PN 结的泊松方程为:

$$\nabla^2 \phi = \frac{q}{\varepsilon}(n_0 - p_0 + N_A^- - N_D^+) \tag{2-1}$$

式中,ϕ 为静电势; q 为基本电荷; ε 为半导体材料的介电常数; n_0 、p_0 分别为热平衡时电子和空穴的浓度。

图 2-5 中,p 型半导体和 n 型半导体在 $x = 0$ 处结合,耗尽区(层)位于 $-x_N < x < x_P$,且耗尽区的 n_0 、p_0 远小于 $|N_A - N_D|$, n_0 、p_0 可以忽略不计,则式(2-1)可以简化为:

$$\nabla^2 \phi = \begin{cases} -\dfrac{q}{\varepsilon}N_D & -x_N < x < 0 \\[2mm] \dfrac{q}{\varepsilon}N_A & 0 < x < x_P \end{cases} \tag{2-2}$$

在耗尽区外的中性区,式(2-1)可以简化为

$$\nabla^2 \phi = 0 \qquad x \leqslant -x_N , x \geqslant x_P \tag{2-3}$$

如果定义 $\phi(x_P) = 0$,则式(2-2)、式(2-3)的解为:

$$\phi(x) = \begin{cases} V_{bi} & x \leqslant -x_{\mathrm{N}} \\ V_{bi} - \dfrac{qN_{\mathrm{D}}}{2\varepsilon}(x + x_{\mathrm{N}})^2 & -x_{\mathrm{N}} < x \leqslant 0 \\ \dfrac{qN_{\mathrm{A}}}{2\varepsilon}(x + x_{\mathrm{P}})^2 & 0 \leqslant x < x_{\mathrm{P}} \\ 0 & x \geqslant x_{\mathrm{P}} \end{cases}$$

在不考虑 PN 结处存在任何界面电荷的情况下,静电位在 $x = 0$ 处连续,则有:

$$V_{bi} - \frac{qN_{\mathrm{D}}}{2\varepsilon}x_{\mathrm{N}}^2 = \frac{qN_{\mathrm{A}}}{2\varepsilon}x_{\mathrm{P}}^2 \tag{2-4}$$

因为 p 型半导体和 n 型半导体在 PN 结形成前后都必须维持电中性,则有:

$$x_{\mathrm{N}}N_{\mathrm{D}} = x_{\mathrm{P}}N_{\mathrm{A}} \tag{2-5}$$

式(2-5)表明,掺杂浓度较低的半导体与其他半导体形成 PN 结时,其对应的耗尽区就较宽。

由式(2-4)及式(2-5)可以求出耗尽层宽度 W_{D} 为:

$$W_{\mathrm{D}} = x_{\mathrm{N}} + x_{\mathrm{P}} = \sqrt{\frac{2\varepsilon}{q}\left(\frac{N_{\mathrm{A}} + N_{\mathrm{D}}}{N_{\mathrm{A}}N_{\mathrm{D}}}\right)V_{bi}} \tag{2-6}$$

当 PN 结两端外接电压 V 时,耗尽层宽度为:

$$W_{\mathrm{D}}(V) = x_{\mathrm{N}} + x_{\mathrm{P}} = \sqrt{\frac{2\varepsilon}{q}\left(\frac{N_{\mathrm{A}} + N_{\mathrm{D}}}{N_{\mathrm{A}}N_{\mathrm{D}}}\right)(V_{bi} - V)} \tag{2-7}$$

式(2-7)中,P 端接外加电压的正极性端时, V 取正值;P 端接外加电压的负极性端时, V 取负值。特别是,当 $V = 0$ 时,式(2-7)就与式(2-6)等价。

耗尽层的内建电压就是耗尽层两端的静电电压,因为 $E = -\nabla\phi$,所以其计算公式为:

$$V_{bi} = \int_{-x_{\mathrm{N}}}^{x_{\mathrm{P}}} E \mathrm{d}x = -\int_{-x_{\mathrm{N}}}^{x_{\mathrm{P}}} \frac{\mathrm{d}\phi}{\mathrm{d}x}\mathrm{d}x = -\int_{V(-x_{\mathrm{N}})}^{V(x_{\mathrm{P}})} \mathrm{d}\phi = \phi(-x_{\mathrm{N}}) - \phi(x_{\mathrm{P}})$$

$$\tag{2-8}$$

在热平衡状态下,净电子流密度和净空穴流密度为零,则有:

$$V_{bi} = \int_{-x_N}^{x_P} E \mathrm{d}x = \int_{-x_N}^{x_P} \frac{kT}{q} \frac{1}{p_0} \frac{\mathrm{d}p_0}{\mathrm{d}x} \mathrm{d}x = \frac{kT}{q} \int_{p_0(-x_N)}^{p_0(x_P)} \frac{\mathrm{d}p_0}{p_0} = \frac{kT}{q} \ln\left[\frac{p_0(x_P)}{p_0(-x_N)}\right]$$

(2-9)

式中,$p_0(x_P) = N_A$,$p_0(-x_N) = \dfrac{n_i^2}{N_D}$,则式(2-9)可以变化为:

$$V_{bi} = \frac{kT}{q} \ln\left[\frac{N_A N_D}{n_i^2}\right]$$

(2-10)

则由式(2-2)可以得到耗尽区内的电场为:

$$E(x) = -\frac{\mathrm{d}\phi}{\mathrm{d}x} = \begin{cases} \dfrac{q}{\varepsilon} N_D(x + x_N) & x_N < x < 0 \\ -\dfrac{q}{\varepsilon} N_A(x - x_P) & 0 < x < x_P \end{cases}$$

(2-11)

由式(2-11)可知,在 $x = 0$ 处,电场有最大值:

$$E_{\max} = \frac{q}{\varepsilon} N_D x_N = \frac{q}{\varepsilon} N_A x_P$$

在中性区,电场非常小,漂移电流非常小,远小于扩散电流,可以忽略不计。

由图 2-5 可以看出,太阳能电池的基本结构是一个 PN 结二极管,包含一个耗尽区和两个中性区,欧姆电极与中性区连接。通常,掺杂浓度较高的区域称为发射极,如 N⁺ 半导体区域;掺杂浓度较低的区域称为基极,如 P 半导体区域。发射极通常很薄,因此绝大部分光的吸收发生在基极,基极也称为吸收区。

为提高电池的光电转换效率,要在电池正面设置网格状的上电极,在网格之间覆盖一层抗反射钝化保护层,如二氧化硅或者氮化硅,以减少光的反射,增加光的吸收率和载流子的收集效率;在电池背面的基极和下电极之间制作一层薄膜,其掺杂浓度比基极的掺杂浓度更高,从而形成背电场,阻止少数载流子从下电极流出,让光照产生的少数载流子能顺利从基极移动到发射极,增加上电极收集少数载流子的概率。

在太阳能电池结构中,为增加对光的吸收和对光生载流子的收集效率,要求设计网格状的上电极,同时又要求网格状的电极对光的遮挡要尽可能小,并且要求尽可能降低电池表面对光的反射率。通常,要在电池的上表面镀上抗反射层,并且要合理设计捕获光的结构。

从几何光学知道,光从空气或玻璃入射到半导体材料时,其反射率为:

$$F = \frac{(n_S - n_0)^2 + k_S^2}{(n_S + n_0)^2 + k_S^2} \tag{2-12}$$

式中,n_0 为入射介质的折射率;n_S、k_S 分别为半导体材料的折射系数和消光系数。

如果在空气(或封装用的玻璃)与半导体之间设置一层折射率为 n_{AR} 的透明介质,如图 2-6 所示,则根据 Fresnel 公式,反射率可以写为:

$$R = \frac{r_0^2 + r_S^2 + 2r_0 r_S \cos 2\beta}{1 + r_0^2 + r_S^2 + 2r_0 r_S \cos 2\beta} \tag{2-13}$$

式中,$r_0 = \dfrac{n_{AR} - n_0}{n_{AR} + n_0}$,$r_S = \dfrac{n_S - n_{AR}}{n_S + n_{AR}}$,$\beta = \dfrac{2\pi}{\lambda} n_{AR} d_{AR}$。

从式(2-13)可以发现,当 $n_{AR} d_{AR} = \dfrac{\lambda}{4}$ 时,反射率 R 有最小值:

$$R_{min} = \frac{r_0^2 + r_S^2 - 2r_0 r_S}{1 + r_0^2 + r_S^2 - 2r_0 r_S} = \frac{(r_0 - r_S)^2}{1 + (r_0 - r_S)^2} = \left(\frac{n_{AR}^2 - n_0 n_S}{n_{AR}^2 + n_0 n_S}\right)^2 \tag{2-14}$$

当 $n_{AR} = \sqrt{n_0 n_S}$ 时,R_{min} 等于零。实际上,折射率是波长的函数,因此,反射率只能在某一波长达到最低值,在其他波长仍有反射存在。通过采用抗反射层,可以把反射率降低到 3%～4%。

为增加对光的吸收,通常对电池上表面进行织构化处理,在下表面制作光反射层。上表面的织构化处理造成光子的多次反射,可以增加光子的入射机会;同时通过改变光波的入射角度,延长了光子的行进路径,增加了光子的吸收概率。下表面的反射层让穿透深度大于吸收层厚度的光子不会逸出,而是被反射回吸收层,如图 2-7 所示。这一特点对于吸收层较薄的薄膜太阳能电池非常重要,如 β-FeSi$_2$ 薄膜电池,其最佳的吸收层厚度在 200～250 nm。

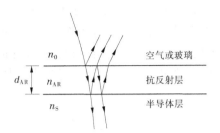

$$n_0 \quad 空气或玻璃$$

$$d_{AR} \quad n_{AR} \quad 抗反射层$$

$$n_S \quad 半导体层$$

图 2-6　薄膜抗反射作用示意

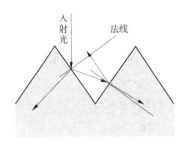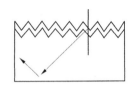

（a）降低反射率　　　　　　　　（b）增加光吸收有效厚度

图 2-7　表面织构化处理

从图 2-8 可以看出，半导体材料经过织构化处理后，其反射率大幅度降低。

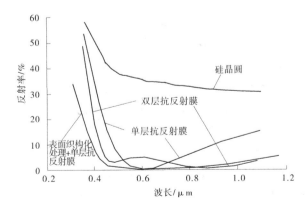

图 2-8　抛光硅晶圆、晶圆表面镀膜及织构化处理后反射率的变化

2.4　太阳能电池参数分析

2.4.1　太阳能电池等效电路

太阳能电池在阳光照射下产生直流电。太阳能电池的能量转换可以用理想化的模型来说明。如图2-9所示,图中 I_L 是入射光产生的恒流源强度,恒流源来自于太阳辐射所激发的过量载流子。I_S 是二极管饱和电流,来源于器件两端 P、N 半导体中性区的少数载流子扩散电流,这里忽略了耗尽区的复合电流,R_L 是负载电阻。

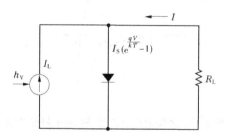

图2-9　理想太阳电池等效电路

这种器件的理想 I—V 特性为:

$$I = I_S(e^{qV/kT} - 1) - I_L \tag{2-15}$$

式中, q 为电子电量;k 为玻尔兹曼常数;T 为绝对温度。

由此,可以得出:

$$J_S = \frac{I_S}{A} = qN_C N_V \left[\frac{1}{N_A}\left(\frac{D_n}{\tau_n}\right)^{\frac{1}{2}} + \frac{1}{N_D}\left(\frac{D_p}{\tau_p}\right)^{\frac{1}{2}} \right] e^{-E_g/kT} \tag{2-16}$$

式中, A 为 PN 结面积;N_C、N_V 分别为导带的态密度和价带的态密度;N_A、N_D 分别为受主杂质浓度和施主杂质浓度;D_n、D_p 分别为电子的扩散系数和空穴的扩散系数;τ_n、τ_p 分别为电子的少子寿命和空穴的少子寿命;E_g 为半导体材料的禁带宽度。

根据式(2-15)和式(2-16)可以画出太阳能电池的明、暗 I—V 特性曲线,如图 2-10 所示。从图 2-10 中可以看出,在电压增加时,也就是二极管两端的正向电压增加时,流过二极管的电流迅速增大(此正向电压降低了耗尽区的内建电场,产生了少数载流子的注入效应,即空穴从 p 型半导体扩散到 n 型半导体,电子从 n 型半导体扩散到 p 型半导体,抵消了耗尽区产生的光生电流),太阳能电池的输出电流迅速降低。图 2-10 中的阴影面积对应于太阳能电池的最大输出功率。

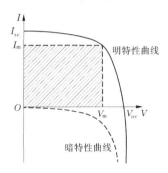

图 2-10　太阳能电池的明、暗 I—V 特性曲线

当电池开路时, $I = 0$,由式(2-15)得到开路电压 V_{oc} :

$$V_{oc} = V_{max} = \frac{kT}{q}\ln\left(\frac{I_L}{I_S} + 1\right) \approx \frac{kT}{q}\ln\left(\frac{I_L}{I_S}\right) \qquad (2\text{-}17)$$

电池的输出功率为:

$$P = IV = I_S V(e^{\frac{qV}{kT}} - 1) - I_L V \qquad (2\text{-}18)$$

由 $\frac{\partial P}{\partial V} = 0$,可得到最大功率的条件:

$$V_m = \frac{kT}{q}\ln\left(\frac{1 + \dfrac{I_L}{I_S}}{1 + \dfrac{qV_m}{kT}}\right) \approx V_{oc} - \frac{KT}{q}\ln\left(\frac{qV_m}{kT} + 1\right) \qquad (2\text{-}19)$$

$$I_m = I_S \frac{qV_m}{kT} e^{\frac{qV}{kT}} \approx I_L \left(1 - \frac{1}{\frac{qV_m}{kT}} \right) \tag{2-20}$$

则最大输出功率为：

$$P_m = I_m V_m \approx I_L \left[V_{oc} - \frac{kT}{q} \ln \left(\frac{qV_m}{kT} + 1 \right) - \frac{kT}{q} \right] \tag{2-21}$$

太阳能电池的理想转换效率为：

$$\eta = \frac{I_m V_m}{P_{in}} = \frac{I_L \left[V_{oc} - \frac{kT}{q} \ln \left(\frac{qV_m}{kT} + 1 \right) - \frac{kT}{q} \right]}{P_{in}} = \frac{FF I_L V_{oc}}{P_{in}} \tag{2-22}$$

式中，P_{in} 为入射功率，对于地面应用的太阳能电池，太阳功率密度数值为 1 000 W/m²（海平面）；对于外层空间（大气层外）中的电池，太阳功率密度数值为 1 350 W/m²。FF 为填充因子，定义为：

$$FF = \frac{I_m V_m}{I_L V_{oc}} = 1 - \frac{kT}{qV_{oc}} \ln \left(\frac{qV_m}{kT} + 1 \right) - \frac{kT}{qV_{oc}} \tag{2-23}$$

填充因子是最大功率矩形与 $I_{sc} \times V_{oc}$ 矩形的比例，如图 2-10 所示，若要获得最大效率，P_{in} 不变时，就要使式（2-22）中分子最大。

填充因子的经验计算公式为：

$$FF = \frac{V_{oc} - \frac{kT}{q} \ln \left(\frac{qV_{oc}}{kT} + 0.72 \right)}{V_{oc} + \frac{kT}{q}} \tag{2-24}$$

一个高效率的太阳能电池必须具有高的短路电流 I_{sc} 和高的开路电压 V_{oc} 以及高的填充因子 FF。其中，FF 应尽可能接近于 1。为此，要增加电池对光子的吸收率，提高载流子寿命，降低载流子的复合率，增加电池对光子的收集效率。在电池设计上，要降低上表面金属栅极的遮蔽率（最好电极是完全透明的），设置抗反射层，减少器件的反射率，吸收层厚度要足够大，电池的内部和外部的收集效率应非常接近，在下电极要设置背电场。

光伏电池由半导体材料组成。一方面，任何半导体材料本身，或者是金属与半导体的接触,都会有电阻产生,这就是光伏电池的串联电阻。主要是正面金属电极与半导体材料的接触电阻、半导体材料的体电阻和电极电阻。另一方面,光伏电池的正负电极间都会形成漏电流。例如,电池中产生的复合电流、表面复合电流、边缘隔离不完全和金属穿透 PN 结等。用并联电阻来表示漏电流的大小。主要是电池边缘漏电或耗尽区内的复合电流引起的。并联电阻越大,漏电流越小。理想情况时,要求太阳能电池的串联电阻为零,并联电阻为无穷大。

　　光伏电池表面由于电极表面层有横向电流流过,因此在其等效电路中,应串联一个电阻。由于光生电动势使 P-N 正偏,存在一个流经二极管的漏电流,其方向与光生电流的方向相反,会抵消部分光生电流,被称为暗电流 I_D。其实,它就是二极管的正向电流。实际太阳能电池等效电路如图 2-11 所示。

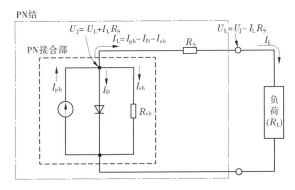

图 2-11　实际太阳能电池等效电路

　　图 2-11 中,PN 结由 PN 接合部和串联电阻 R_S 构成,R_S 为考虑横向电流的等效电阻,通常称其为电池的串联电阻。I_{ph} 是光伏电池电势产生的光生电流,相当于二极管整流电路的正向电流。R_{sh} 为分路电阻,通常称其为电池的并联电阻,用于补偿由于 PN 结缺陷造成的漏电流 I_{sh},其方向与 I_{ph} 相反。负载电阻 R_L 上流过的电流为 I_L,则表示光伏电池发电状态的电流方程式为:

$$I_L = I_{ph} - I_D - I_{sh} \qquad (2-25)$$

式中,I_{ph} 为光生电流;I_D 为 PN 结的正向电流;I_{sh} 为 PN 结的漏电流。

用电压表示光伏电池等效电路的基本方程式为:

$$U_J = U_L + I_L R_S \qquad (2\text{-}26)$$

式中,U_J 为 PN 结接合部的端电压;U_L 为负载 R_L 两端电压;I_L 为负载电流。

$$I_{sh} = \frac{U_J}{R_{sh}}$$

$$I_D = A e^{\left(\frac{qU_J}{BkT}-1\right)}$$

$$I_L = I_{ph} - A e^{\frac{q(U_L+I_L R_s)}{BkT}-1} - \frac{U_L + I_L R_S}{R_{sh}} \qquad (2\text{-}27)$$

式中,A、B 是与 PN 结材料特性有关的系数;q 为电荷电量,$q = 1.602 \times 10^{-19} C$;$k$ 为玻耳兹曼常数,$k = 1.38 \times 10^{-23} J$;$T$ 为绝对温度;R_{sh} 为考虑 PN 结缺陷的分路电阻。

A 实际上是太阳能电池二极管的反向饱和电流 I_0;B 实际上是太阳能电池二极管的理想因子 n。

当负载被短路时,$U_L = 0$,$I_L = I_{sc}$,I_{sc} 就是太阳能电流的短路电流,由于此时流经二极管的暗电流 I_D 非常小,可以忽略不计。根据公式:

$$\begin{aligned} I_L &= I_{ph} - I_D - I_{sh} \\ &= I_{ph} - I_s e^{\frac{q(U_L+I_L R_s)}{kT}-1} - \frac{U_L + I_L R_S}{R_{sh}} \\ &= I_{ph} - I_s e^{\frac{qU_J}{kT}-1} - \frac{U_J}{R_{sh}} \qquad (2\text{-}28) \end{aligned}$$

可以得到:

$$I_{sc} = I_{ph} - I_{sc} \frac{R_S}{R_{sh}} \qquad (2\text{-}29)$$

由式(2-29)可以得到:

$$I_{sc} = \frac{R_{sh}}{R_{sh} + R_S} I_{ph} \qquad (2\text{-}30)$$

由此可知,短路电流 I_{sc} 总是小于光生电流 I_{ph}。

2.4.2 太阳能电池伏安特性

太阳能电池光伏发电的特性通常用电池的 $U—I$ 关系,即电池的伏安特性来表征。在 PN 结两端加上电压,将光照射到 PN 结并接上负载,就可以进行伏安特性的测量,如图 2-12(a)所示,其典型的伏安特性曲线如图 2-12(b)所示。随着照射光强的提高,伏安特性曲线向电流的反方向移动,图 2-12(b)中强光照射下的 $U—I$ 特性即为光伏器件典型的伏安特性。

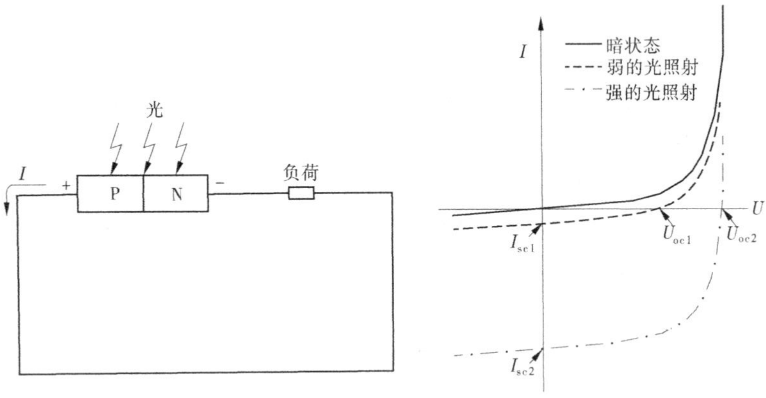

(a)伏安特性测试示意　　(b)不同光强下的伏安特性曲线

图 2-12　太阳能电池伏安特性测试

标准的太阳能电池伏安特性测试必须符合相关要求。

测试光谱:AM1.5,测试光强:1 kW/m^2,测试温度:25 ℃。太阳光源模拟器采用氙弧灯为灯源,并且搭配滤波片,使其光谱最大程度地接近标准光谱。

伏安特性曲线的主要参数如下:

(1)短路电流 I_{sc}:当电池两端处于短路状态时进行测定,它随照射光的强度按比例增加,如图 2-13(a)所示。它是伏安特性曲线与电流坐标轴的交点。

(2)开路电压 U_{oc}:当电池两端处于开路状态时进行测定,它随照射光的强度按指数规律增加,在低光强度时,仍有一定的开路电压输出,如图 2-13(b)所示。它是伏安特性曲线与电压坐标轴的交点。

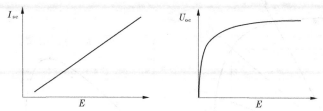

(a)短路电流 I_{sc} 与光照强度 E 的关系　　(b)开路电压 U_{oc} 与光照强度 E 的关系

图 2-13　短路电流、开路电压与光照强度的关系

为了研究方便,通常把电池的伏安特性曲线由第四象限描画在第一象限内,即均取 U 和 I 的正方向,如图 2-14(a)所示。光伏电池的输出功率可以通过伏安特性曲线进行分析。不同的负载电阻与伏安特性曲线的交点所对应的电压和电流,就是光伏电池的工作电压和电流,也就是说,负载电阻决定光伏电池的工作电压和电流。工作电压和电流的乘积就是电池的功率,也就是图 2-14 中矩形的面积。为了使电池的输出功率最大,就要保证图中矩形的面积最大,这样就可以计算出在一定光照强度下,输出电压与输出功率的关系,如图 2-14(b)所示。图中最大输出功率 P_{max} 所对应的电压和电流就是电池的最佳工作电压 U_{pmax} 和最佳工作电流 I_{pmax}。

(3)填充因子 FF(fill factor):图 2-14(a)是光伏电池理想的伏安特性曲线,但是在实际情况下,由于制造工艺的不完善而使 PN 结产生缺陷,导致光伏电池的漏电流增加,实际的伏安特性曲线曲率加大。引进一个新的参数来衡量电池的优劣,即填充因子,其计算公式为:

$$FF = \frac{I_{pmax}U_{pmax}}{I_{sc}U_{oc}} = \frac{P_{max}}{I_{sc}U_{oc}} \qquad (2-31)$$

填充因子反映太阳能电池的质量。太阳能电池的串联电阻越小,并联电阻越大,反映在太阳能电池的 U—I 曲线上,曲线形状越接近正方形,填充因子就越大,此时,太阳能电池就可以实现很高的转换效率。

根据式(2-18),可以给出电池的 U—I 特性和 U—P 特性,如图 2-15 所示。

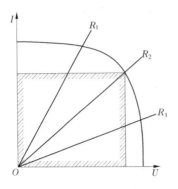
（a）伏安特性曲线与负载的交点

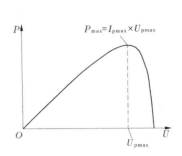
（b）一定光照强度下输出电压与
输出功率的关系

图 2-14　伏安特性曲线分析

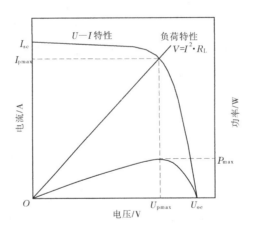

图 2-15　光伏电池的 U—I 特性和 U—P 特性

（4）光电转换效率 η：它是太阳能电池的最大输出功率与照射到其表面的太阳光功率之比，计算公式为：

$$\eta = \frac{P_{\max}}{EA} \times 100\% \qquad (2\text{-}32)$$

式中，$P_{\max}$ 是电池的最大功率，kW；E 是光照强度，kW/m²；A 是电池片的面积，m²。

R_s 和 R_{sh} 对太阳能电池的影响如下：

(1)当串联电阻 R_s 增大时,会引起光电转换效率降低,短路电流下降,但是对开路电压影响不大。

(2)当并联电阻 R_{sh} 增大时,会引起光电转换效率降低,短路电流基本不变,但是开路电压略有降低。

(3)当不存在串联电阻并且并联电阻无穷大(没有漏电流)时,填充因子最大,这就是理想的太阳能电池。串联电阻的增加或者并联电阻的减小,都会降低填充因子。

串联电阻 R_s 和并联电阻 R_{sh} 的计算如下：

在 $U_L = 0$ 的情况下,由式(2-27)可推导出并联电阻 R_{sh} 的计算公式:

$$R_{sh} = \frac{\Delta U_L}{\Delta I_L} \qquad (2\text{-}33)$$

根据相关要求,串联电阻 R_s 可由两组不同光强照射电池所得到的伏安特性曲线求出,如图 2-16 所示。在两条曲线与 I_{sc} 有相同差距 ΔI 的位置各选取一点,对应的值分别为 (V'_1, I'_1)、(V'_2, I'_2),由此得到串联电阻 R_s 的计算公式:

$$R_S = \frac{V'_1 - V'_2}{I'_2 - I'_1} = \left| \frac{V'_2 - V'_1}{I'_2 - I'_1} \right| \qquad (2\text{-}34)$$

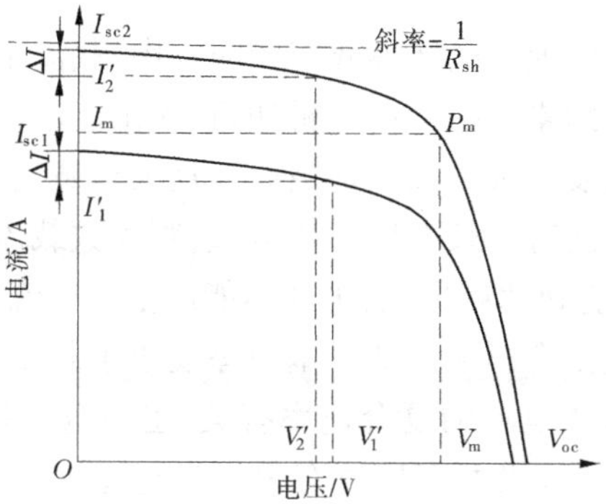

图 2-16　不同光照强度下太阳能电池的伏安特性

在图 2-16 中,曲线上边部分的斜率代表并联电阻 R_{sh},曲线右边部分的斜率代表串联电阻 R_s。

太阳能电池测试的参数如下:

(1)开路电压 U_{oc}:电流 $I=0$ 时的电压值。

(2)短路电流 I_{sc}:电压 $U=0$ 时的电流值。

(3)最佳工作电压 U_m。

(4)最佳工作电流 I_m。

(5)最大输出功率 P_m:$P_m = U_m \times I_m$。

(6)光电转换效率 η:依据式(2-32)计算。

(7)填充因子 FF:依据式(2-31)计算。

(8)伏安特性曲线。

(9)内部串联电阻 R_s:依据伏安特性曲线和式(2-34)计算可以得到。

(10)内部并联电阻 R_{sh}:依据伏安特性曲线和相关公式,在 $U=0$ 处,计算其切线斜率就可以得到。

开路电压 U_{oc}、短路电流 I_{sc} 可以用万用表直接测量,其他参数从伏安特性曲线求出。短路电流密度 J_{sc} 可以通过计算短路电流 I_{sc} 与太阳能电池面积的比值得出。

2.4.3 太阳能电池光伏特性的影响因素

在影响太阳能电池光电转换效率的因素中,载流子寿命和表面复合效率是最重要的因素之一。由分析知道,太阳能电池通常具有较宽的基极和非常薄的发射极。如果基极厚度远大于载流子特征长度,由于少数载流子浓度随特征长度以指数衰减,则少数载流子会在扩散过程中复合消失,不能到达耗尽区,也就不能产生光电流,背电场对电池的反向饱和暗电流没有影响。如果基极厚度小于载流子特征长度,基极的饱和暗电流与背电场的复合速率有关,也与电子扩散系数(基极是 p 型半导体时)与基极宽度比值有关。当电池没有背向电场时,其等效表面复合速率达到数千厘米/秒以上;当电池有背向电场并且经过钝化处理时,其等效表面复合速率可以降到数百厘米/s 以下。

在基极宽度远大于少数载流子扩散长度时,开路电压与少数载流子扩散长度的对数成正比;短路电流衰减迅速,并且与背电场表面电场复合速率几乎没有关系。在基极宽度远小于少数载流子扩散长度时,开路电压与基极宽度的对数成正比;少数载流子扩散长度大于基极宽度的 2 倍,短路电流趋于饱和,且与背面电场复合速率的变化有关,背面电场复合速率小于某一值时,短路电流有较大的值,除此之外,短路电流几乎没有变化。

发射极(发射极是 n 型半导体时)非常薄,少数载流子(空穴)扩散长度通常为发射极宽度的数倍,因此少数载流子(空穴)寿命对其器件特性的影响不明显。但是,少数载流子在器件表面的复合效应对器件的性能有重要的影响。正向电极表面的复合效果既包括欧姆电极与表面接触的区域(具有较高的复合速率)产生的复合效果,也包括欧姆电极与表面非接触的区域(具有较低的复合速率)产生的复合效果。它与使用的半导体材料、掺杂浓度及杂质分布、钝化层材料、界面结构、网格状金属电极的设计、偏压等其他参数有关。也就是说,正向电极表面的复合速率既与器件的结构设计有关,也与操作条件有关。因此,必须注意器件的工艺条件对器件性能的影响。

表面复合速率对发射极的饱和电流也有影响。表面复合速率越低时,为达到最低的发射极饱和电流,所需的掺杂浓度就越小。表面掺杂浓度过高或过低,发射极饱和电流都会上升。

太阳能电池所能转换的最大光能是照射在电池表面上、其能量大于半导体禁带宽度的那部分光子所携带的相当于半导体禁带宽度的那部分能量,除此以外的多余能量在半导体内通过与原子、晶格振动(声子)和载流子的多次碰撞而转化为热能,无法转化为电能。通过理论计算表明,半导体禁带宽度约为 1.1 eV 时,电池的转换效率最高,其理论转换效率最大可以达到 48%。

半导体材料对短波长的光子有较高的吸收系数,对长波长的光子的吸收系数较低,因此短波长的光子主要在发射极被吸收,钝化处理正向电极表面来降低复合速率,有利于发射极载流子的收集效率和对短波长光子的内部频谱响应的提高;长波长的光子穿透较深,对基极电子–

空穴对的产生有较大的影响,如果背面电极没有设计背表面场,那么其背表面电场复合率就会有大幅度的增加,载流子就会在背表面电极很快复合消失,载流子的收集效率就会下降,长波长范围的内部频谱响应就会下降。

另外,电池中的串联电阻和并联电阻对电池的伏安特性也有重要的影响。串联电阻对开路电压没有明显的影响,但是对短路电流有明显的影响;并联电阻对短路电流没有明显的影响,但是对开路电压有明显的影响。

串联电阻产生的原因通常为:

(1)正向金属栅电极与发射极半导体间的结阻抗。

(2)载流子从发射极向正向栅电极横向输运遇到的阻抗。

(3)载流子在基极半导体材料中输运遇到的阻抗。

(4)背向金属电极与基极半导体间的结阻抗。

(5)条状正向金属电极有限尺寸产生的阻抗。

(6)电流收集金属总线产生的阻抗。

其中,(1)和(4)中的阻抗与肖特基势垒有关。通常,通过适当设计在金属和半导体间形成欧姆接触,避免肖特基接触。一般做法是将金属沉积在表面具有高掺杂浓度的半导体上,使半导体表面的耗尽区范围尽可能小,使载流子有更大的机会隧穿通过;或者选用具有较低功函数的金属来降低势垒,使载流子有机会通过热离子发射效应越过势垒。当掺杂浓度增加时,金属-半导体间的接触电阻呈指数下降。当掺杂浓度小于 10^{19} cm^{-3} 时,接触电阻与势垒的指数成正比,表示热离子发射效应主导载流子输运;当掺杂浓度大于 10^{19} cm^{-3} 时,势垒对接触电阻的影响不明显。当半导体表面掺杂浓度大于 10^{20} cm^{-3} 时,能达到接触电阻小于 10^{-4} Ω·cm^2 的金属种类大大增加。如果半导体表面掺杂浓度为 10^{19} cm^{-3} 时,则必须选用势垒小于 0.5 eV 的金属,才能呈现欧姆接触性质。(2)中的阻抗与正向金属栅电极间的距离成正比,但是,要考虑金属栅电极遮光造成的光吸收损失,这两个矛盾的各方面要综合平衡考虑。(5)和(6)中的阻抗与正向金属栅电极的宽度、厚度和长度有关。

并联电阻产生的原因通常为：

(1)太阳能电池边缘的漏电流。

(2)在 PN 结存有点缺陷或局部区域杂质掺杂不均匀。

(3)基极与正向栅电极间局部的短路。

温度对太阳能电池的性能有一定的影响。半导体的禁带宽度 E_g 随温度 T 升高而下降,本征载流子浓度 n_i 随温度的升高而增加,从而导致暗饱和电流 I_{s1} 下降,造成开路电压 U_{oc} 下降。这些参数与温度的关系式分别为：

$$n_i = 2(m_n^* m_p^*)^{3/4} \left(\frac{2\pi kT}{h^2}\right)^{3/2} e^{-E_g/2kT} \tag{2-35}$$

式中, m_n^* 、m_p^* 分别是半导体材料中电子的有效质量和空穴的有效质量,两者受温度的影响很小。

$$E_g(T) = E_g(0) - \frac{\alpha T^2}{T + \beta} \tag{2-36}$$

式中, α、β 是关于半导体材料的常数,其值通过实验确定。

$$I_{s1} = \beta T^\xi e^{-E_g(0)/kT} \tag{2-37}$$

$$I_{sc} \approx \beta T^\xi e^{-E_g(0)/kT} e^{qV_{oc}/kT} \tag{2-38}$$

式中, β、ξ、$E_g(0)$ 是与温度无关的常数。通常, I_{sc} 受温度影响很小。

$$V_{oc}(T) = \frac{1}{q}E_g(0) - \frac{kT}{q}\ln\left(\frac{\beta T^\xi}{I_{sc}}\right) \tag{2-39}$$

从式(2-39)中可以发现,开路电压 V_{oc} 与温度 T 大约成反比关系,并且当 $T \approx 0$ 时, $V_{oc} \approx E_g(0)$。

了解太阳能电池的基本原理和基本结构,通过对太阳能电池的等效电路的分析和光伏特性相关性能参数的公式讨论,可以比较充分地了解电池光伏特性的影响因素,对太阳能电池的结构设计具有重要意义。

第 3 章　制备设备与表征设备

本章简要介绍了实验中使用的薄膜制备设备和表征设备及测试设备、太阳能电池伏安特性测试设备及主要性能参数。

3.1　制备设备

3.1.1　磁控溅射镀膜系统

磁控溅射镀膜是近十几年来发展迅速的一种表面薄膜技术,它利用磁场控制辉光放电产生的等离子体轰击出靶材表面的粒子并使其沉积到基体表面。磁控溅射具有诸多优点:

(1)溅射出来的粒子能量较大,为几十电子伏特,因而薄膜(基体)结合力较好,薄膜致密度较高;

(2)溅射沉积速率高,基体温升小;

(3)可以溅射高熔点金属、合金及化合物材料,溅射范围广;

(4)能够实现大面积靶材的溅射,且沉积面积大、均匀性好;

(5)操作简单,工艺重复性好,易于实现工艺控制自动化。

普通的永磁体靶枪在溅射磁性材料时,由于靶材磁场的屏蔽作用,溅射产额低,甚至不能启辉。为此,我们使用的磁控溅射仪考虑了溅射磁性材料的要求,在溅射室内安装了 2 个励磁磁控溅射靶枪,可实现磁性材料的溅射。

磁控溅射是利用在真空环境中低压气体辉光放电现象,使处于等离子状态下的离子轰击靶材表面,并利用环状磁场来控制辉光放电,使溅射出的靶材离子沉积在基片上。

在磁控溅射的高真空室中充入所需要的惰性气体(通常为 Ar 气)。永久磁铁在靶材(阴极)表面形成磁场,靶上同时加有一定的负高压,基片(阳极)周围存在高压电场,这样在被溅射的基片(阳极)与(靶材)阴极之间形成一个正交的磁场和电场。在电场的作用下,Ar 气电离成正离子。在磁场的作用下,从靶材溅射出的电子与工作气体 Ar 气的电离概率增大,在阴极附近形成高密度的等离子体。Ar 离子在洛仑兹力的作用下加速(以很高的速度)轰击基片,使靶材上溅射出来的原子遵循动量转换原理以较高的动能脱离靶材飞向基片沉积成膜。

磁控溅射方法主要具有的优点:

(1)可以方便地制取高熔点物质的薄膜;

(2)能较大面积制备出均匀而且致密度高的薄膜;

(3)在电场和磁场的控制下,可以使溅射出的靶材原子具有很好的方向性,进而节约靶材;

(4)操作简单,工艺重复性好,易于实现工业化。

我们采用中国科学院沈阳科学仪器研制中心所研制的"JGP560C Ⅷ型带空气锁的超高真空多靶磁控溅射镀膜系统"。该系统主要部分由进样反溅腔、磁控溅射腔、溅射靶、电源系统(DC 电源、RF 电源和励磁电源)、循环水冷却系统、供气系统、泵抽与真空测量系统、电脑控制镀膜系统与气路系统等构成。

该溅射系统进样腔的极限真空度为 6.6×10^{-4} Pa,在该腔体中既可以对衬底基片进行溅射镀膜前的反溅清洁,也可以对溅射后的膜-衬底结构进行原位退火或真空退火,最高温度可达 800 ℃。磁控溅射腔的极限真空度(烘烤后)可达 9.0×10^{-6} Pa,加注液氮可达 6.6×10^{-6} Pa。在磁控溅射腔内置有 5 个靶枪,包括 2 个直流电磁靶枪和 3 个永磁靶枪,其中一个永磁靶枪采用射频电源可以进行半导体或绝缘体靶材的溅射。靶枪在下,基片在上,向上溅射成膜。在溅射腔中也可以对溅射后的膜-衬底结构进行退火处理,最高温度为 400 ℃。

3.1.2　高真空热处理炉

在半导体薄膜材料中,为了改善薄膜的成膜质量,促进晶粒的二次生长、减少缺陷密度和种类、释放内部残留应力以及产生特定的显微结构,通常需要对制备的薄膜进行退火处理。退火过程可以促进 Si 原子的扩散,提供铁 Si 原子反应所需要的能量;另外,退火过程可以提高薄膜的晶格质量。退火温度较低时,Si 原子扩散速率较低,相变速率减小,于是有更多时间发生结构驰豫。因此,适当降低退火温度、延长退火时间,可以改善薄膜质量。

我们使用 SGL80 型高真空热处理炉。由泵抽真空系统、温度控制系统和冷却水循环系统三大部分构成。其中,退火室极限真空度可达 $5.0×10^{-5}$ Pa,研究中实际退火时的真空度优于 $2.0×10^{-4}$ Pa。

图 3-1 为退火装置示意。为了保证样品区域的恒温性,加热电阻均匀分布于石英管两侧,并在石英管外围安装有 3 个温度监测点,外围为隔热材料。

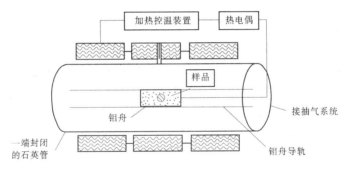

图 3-1　退火装置示意

3.2　表征设备

在众多的 Fe-Si 化合物中,仅有 β-FeSi$_2$ 具有半导体性质,采用各种方法制备的样品,均需要进行结构和性质的表征及测量。一方面,结构表征证实所得到的产物是 Fe-Si 化合物中的 β-FeSi$_2$;另一方面,可以通过结构表征分析制备条件对样品质量的影响,以优化制备工艺和热处理条件,得到高质量、高性能的材料,当然对不同的研究目的及应用领域,对材料的要求一般来说不一定相同,甚至可以有很大的差别。现在可以用各种各样的分析仪器和技术手段进行晶体结构及显微学结构、形貌的测量和分析,有时仅用其中的一种,有时数种方法同时应用,互相补充,可对材料的组分、晶体结构及显微结构进行多方位、多角度地全面表征。

我们分别通过 X 射线衍射仪对 β-FeSi$_2$ 薄膜样品的晶体结构,以及场发射扫描电子显微镜对样品的横截面和表面形貌进行表征;通过霍尔效应测试仪对薄膜的电学性质进行表征;通过紫外/可见/近红外分光度计对样品的光学特性进行表征。

3.2.1　X 射线衍射仪

X 射线衍射仪是利用衍射原理,精确测定物质的晶体结构、织构及应力,精确地进行物相分析、定性分析、定量分析的一种大型分析仪器。X 射线是德国实验物理学家伦琴于 1895 年发现的,它是一种波长在 0.001~10 nm 的电磁波,晶体衍射用的 X 射线波长在 0.1 nm 左右。由于晶体原子具有三维周期性空间点阵,点阵周期和 X 射线波长具有相同的数量级,当 X 射线投射到晶体上时,产生衍射效应,X 射线与晶体中的每一个原子发生球面散射,当散射波满足相干条件时,这种球面波将在空间发生干涉。如图 3-2 所示为晶体对 X 射线的衍射示意。

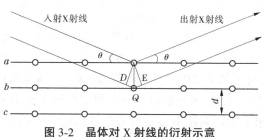

图 3-2　晶体对 X 射线的衍射示意

在图 3-2 中,投射到晶面间距为 d 的平行晶面 a、b、c 上的入射光和反射光光程差为:

$$L = 2d\sin\theta \qquad (3-1)$$

只有光程差是入射波长 λ 的整数倍时,才发生相长干涉,即:

$$2d\sin\theta = n\lambda \qquad (3-2)$$

式中,n 为衍射级数,是正整数;θ 为布拉格衍射角;d 为晶面间距。

式(3-2)就是著名的布拉格衍射公式。通过测量衍射线产生的方位(2θ)和相对强度,不仅能给出材料中所含的化学元素或成分,同时可以确定具体的晶体结构(物相)和各相的含量。

由国际粉末晶体衍射标准卡片 PDF 卡片(No. 20-0532),可以得到 β-FeSi₂ 体材料的标准谱如图 3-3 所示,而图 3-4 为根据卡片 No. 20-0532 的晶格常数计算产生的可能谱线,但计算谱不能表明各个峰的相对强度。

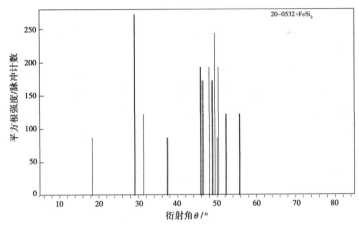

图 3-3　由 PDF 卡片(No. 20-0532)得到的 β-FeSi₂ 体材料的标准谱

除了 XRD,现在很多的电子显微镜上都配备了电子衍射测量附件,可以测量材料的微区电子衍射图像,同样只有满足布拉格定律才能有衍射斑(或环)出现,因而也可以由此判定半导体 β-FeSi₂ 相的形成。另外,一些 MBE、IBS 系统中装备的低能或高能电子衍射,可以在膜制备的过程中对其晶体结构进行原位表征。

从已有的研究结果看,单晶体和多晶体材料 XRD 测量结果与 No. 20-0532 的标准谱基本相符,没有异议,但对薄膜材料,测量结果却具有很大的分散性,有的结果十分接近标准谱,但另外一些结果却差距甚大。大部分在 Si(111)衬底上生长的薄膜,测量结果中最强的谱线来自 β-FeSi₂ 的(202)或(220)晶面的衍射,这两个面的衍射峰位几乎

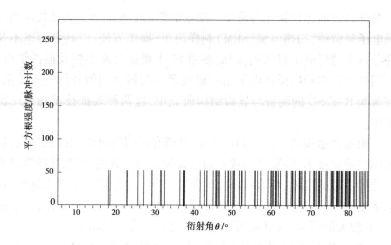

图 3-4 由 PDF 卡片 (No. 20-0532) 计算得到的体材料 β-FeSi$_2$ 的标准谱

重叠,无法区分,当用 CuKα 作入射线时,其 $2\theta \approx 29°$。值得注意的是,这条谱线与衬底 Si 的(111)衍射峰(No. 27-1402,$2\theta = 28.442$)也十分接近,有的文献中单凭这一个衍射峰认定得到了 β-FeSi$_2$,似乎证据不太充分。在 Si(100)或(001)衬底上制备的薄膜,有的文献给出的最强谱线仍是位于 $2\theta \approx 29°$ 的 β-FeSi$_2$(202)/(220),在另外一些文献上则得到了与衬底有外延关系的较强的 β-FeSi$_2$(h00)($h = 4, 6, 8$)衍射峰。还有一些文献给出的测量结果与 PDF 卡片的标准谱并不相符,是通过计算谱认定的。计算谱谱线十分丰富,这样的认定不能令人完全信服,当然,如果辅以其他的表征手段或性质测量,也是可以接受的。

除了衍射技术,X 射线光电子能谱、X-射线能量色散谱、转换电子穆斯堡尔谱、卢瑟福背散射谱、红外光谱(IR,infrared spectroscopy)和激光拉曼光谱(Raman,laser raman spectroscopy)等也常被用于表征 β-FeSi$_2$ 的成分、结构和相形成过程中原子的扩散等,但有的表征技术只能给出材料的元素组成,需结合其他结构分析技术或性质测量才能最终认定 β-FeSi$_2$ 相的形成。

材料,尤其是薄膜材料,其物理性质不仅与组成元素和晶体结构有关,还与其显微结构或形貌有着密切的关系,因而对材料的显微结构或形貌进行表征也显得尤为重要。现今最常用的显微结构表征技术当然是电子显微镜,扫描电镜(SEM)制样简单,操作方便,但其分辨率不及高分辨率透射电子显微镜,因而多用 SEM 观察表面形貌及显微结构,而用高分辨率辅以微区电子衍射研究薄膜与衬底间的外延生长关系。在薄膜 $\beta-FeSi_2$ 的制备与显微结构研究中,这两种表征技术均被广泛使用。

根据文献报道,较薄的 $\beta-FeSi_2$ 薄膜有强烈的收缩成岛的倾向,但采用缓冲层技术、厚膜结构或表面覆盖保护层的方法,得到连续膜也是可能的。总的说来,在 $\beta-FeSi_2$ 的薄膜结构中,尤其是在界面附近,缺陷密度比较大,这对材料的性质,特别是电子能带结构和带间光学性质,有较大的影响,对材料的输运性质也有着重要的作用。

相对于电子显微观察而言,原子力显微镜(AFM, atomic force microscope)不用抽真空,可在大气环境下工作,并且其分辨率也不低,因而被广泛用于薄膜材料的显微结构及形貌的表征,同时,利用其三维显示功能,可以很方便地分析薄膜表面的平整度(或粗糙度)。所使用的 XRD 仪器为德国 Bruker-AXS 公司生产的 D8 Advance X 射线衍射仪,样品测试的条件为:$CuK\alpha_1$ 辐射,$\lambda = 0.154\ 06$ nm,石墨单色器滤波,管电压 40 kV,管电流 40 mA。扫描 2θ 测角范围为 10~90 ℃,扫描步长为 0.02 ℃,测角仪为 $2\theta/\theta$ 耦合。

3.2.2 场发射扫描电子显微镜

扫描电子显微镜简称为扫描电镜,英文缩写为 SEM。它主要由真空系统、电子束系统和成像系统三大部分构成。它用细聚焦的电子束轰击样品表面,通过电子与样品相互作用产生的二次电子、背散射电子等对样品表面或断口形貌进行观察和分析。

扫描电子显微镜有许多优点:样品制备简单,不用切成薄片;能够直接从各种角度观察样品表面的结构;图像分辨率较高,景深大,图像富有立体感;电子束对样品的污染与损伤程度比较小。

我们所使用的仪器为日本日立公司的 S-4800 冷场发射扫描电子显微镜,其分辨率为 1.4 nm,放大倍率可达 30 万~80 万倍。与其他种类的扫描电子显微镜相比,冷场发射扫描电子显微镜最大的优点为电子束直径小,亮度高,因此影像分辨率高。

3.2.3 霍尔效应测试仪

霍尔效应是磁电效应的一种,它由美国物理学家霍尔于 1879 年在研究金属的导电机构时发现。

当电流垂直于外磁场通过导体时,在导体垂直于磁场和电流方向的两个端面之间会出现电势差,这一现象便是霍尔效应。这个电势差也被叫作霍尔电势差。

霍尔效应测试仪是用于半导体材料的载流子浓度、迁移率、电阻率和霍尔系数等重要参数的仪器。

我们使用的霍尔效应测试仪为由美国 Nanometrics Inc 公司生产的 HL5500PC 型,该系统由主机、霍尔系统控制器和温度控制器等部分组成。

HL5500PC 霍尔效应测试系统可测试室温和 77 K[1] 下各种半导体及其薄膜材料的载流子密度、薄层电导率、载流子迁移率等参数。

3.2.4 紫外/可见/近红外分光度计

紫外/可见光/近红外分光度计主要用来测定各种物质在紫外、可见光和近红外区的吸收光谱,得到薄膜或其他透光物质的透射率和吸收率,也可以进行有机、无机化合物和部分元素的定性和定量分析。

采用美国珀金-埃尔默公司的 Lambda 950 型具有双光束、双单色器系统比率式紫外/可见光/近红外分光光度计。它包括光源、单色器、吸收池、检测器、数据系统等部分,主要包括 150 mm 积分球、6 度角镜面反射、固体样品架、粉末压片器等附件,主要采用高级光谱软件 ASSP 软件包。Lambda 950 型的光学系统采用涂覆 SiO_2 的全息刻线光栅(紫外/可见刻线数为 1 440 条/mm,近红外为 360 条/mm)。它测量的波长范围是 175~3 300 nm,其精度和分辨率高,稳定性好,基线平直度

[1] 1 K=−272.15 ℃。

高,杂散光极低,可以对材料进行透射模式或反射模式的高精度测量。

3.2.5　少子寿命测试仪

WT-2000 测试仪是 Semilab 公司针对光伏行业开发的综合测试系统,它可以测量少子寿命、电阻率、方块电阻、扩散长度、太阳电池的表面反射率、光束诱导电流和量子效率等。

它对少子寿命的测量范围从 0.1 μs 到 30 ms,测试分辨率不低于 0.1%。它对测试样品的厚度没有严格的要求。它既可以测试 p 型材料,也可以测试 n 型材料。它既能够测试较低寿命的样品,也能够测试低电阻率的样品(最低可以测 0.01 Ω·cm 的样品)。

它采用微波光电导衰减(μPCD)法对硅片的少子寿命进行测量,其主要包括激光注入产生电子-空穴对和微波探测信号两个过程。904 nm 的激光注入(对于硅,注入深度大约为 30 μm)产生电子-空穴对,导致样品电导率的增加,当撤去外界光注入时,电导率随时间指数衰减,这一趋势间接反映少数载流子的衰减趋势,从而通过微波探测电导率随时间变化的趋势就可以得到少数载流子的寿命。μPCD 法测得的寿命值就是少子的有效寿命。

3.2.6　太阳能电池 I—V 测试系统

我们使用的太阳能电池 I—V 测试系统采用美国 Newport 公司生产的 94023A 型太阳光模拟器,它采用连续照射式的太阳光模拟器,灯泡功率 450 W,辐照面积为 51 mm × 51 mm,输出光强度为 100 mW/cm²。它可以测量光照条件和暗条件下的 I—V 曲线;测量开路电压、短路电流、短路电流密度、最大功率电压、最大功率电流、填充因子、光电转换效率等。

第 4 章　β-FeSi₂ 薄膜的制备及影响因素

采用磁控溅射设备制备 β-FeSi₂ 薄膜,研究了退火温度、退火时间以及 Fe 膜厚度对 β-FeSi₂ 薄膜形成的影响,对 β-FeSi₂ 薄膜的生成机制进行了分析。

4.1　β-FeSi₂ 薄膜的制备参数

理论研究表明,制备太阳能电池时为获得较高的光电转换效率,β-FeSi₂ 薄膜的最佳厚度为 200~250 nm,而制备的 β-FeSi₂ 薄膜的厚度是溅射的 Fe 膜厚度的 3 倍左右,因此在研究过程中溅射 Fe 膜的厚度以 100 nm 为主,通常采用 80~130 nm。

操作步骤为:

(1)硅片清洗:先将硅片依次放置在丙酮溶液、酒精溶液、去离子水中,超声波清洗各 10 min,再放置在 HF(氢氟酸)溶液(2%,V/V)中 30 s,最后用去离子水漂洗,取出放置在干燥箱(温度不超过 35 ℃)中不超过 5 min。取出后,目视检查硅片表面光洁、没有灰尘污垢。

(2)反溅:硅片装片后放入溅射系统的反溅室进行射频反溅,以进一步去除硅片表面的污物,同时增加硅片表面的附着力。反溅参数为:Ar 气流量为 20 SCCM,Ar 气压力为 7 Pa,反溅功率为 100 W,反溅时间为 10 min,Ar 气纯度≥99.999%,反溅室内基底真空度优于 $6×10^{-4}$ Pa。

(3)磁控溅射:反溅完成后,将硅片放入溅射室抽真空,待真空度优于 $2×10^{-5}$ Pa 时溅射 Fe 膜。溅射条件为:溅射气压 2.0 Pa,溅射功率 110 W,Ar 气流量 15 SCCM,采用直流靶位,偏压 50 V,溅射 Fe 膜厚度可变。在溅射前,要预溅射 10 min,以去除靶材表面可能存在的氧化物等杂质。

(4)热处理工艺条件:将沉积 Fe 膜的硅片装入钼盒送入退火炉中,在 860~920 ℃ 的温度范围内退火 11~22 h,炉底真空度优于 2×10^{-4} Pa。

在 β-FeSi₂ 薄膜的表面溅射 Si 膜及 Ag 和 Al 的工艺参数与在 Si 衬底表面溅射 Fe 膜的工艺参数相同。

在上述工艺条件下,采用磁控溅射技术和高真空热处理炉研究了退火温度、退火时间和 Fe 膜厚度对 β-FeSi₂ 薄膜形成的影响。

4.2　退火温度的影响

退火温度对 Fe-Si 化合物的形成具有决定性的意义,每一种物相的形成都对应着一定的温度范围,虽然退火时间也有一定的影响,但温度对相变的完成的确是至关重要的。从前面的分析可以看到,在退火时间为 2 h 时,退火温度为 800 ℃ 的样品主要成分是 FeSi,而当退火温度增加至 1 000 ℃ 时,形成的硅化物已完全转化为 α-FeSi₂,但 2 h 退火时间对于磁控溅射沉积的 Fe/Si 薄膜的硅化过程是远远不够的,于是,我们对磁控溅射沉积的 Fe/Si 薄膜在温度 750~950 ℃ 内进行了不同时间(2~18 h)的退火,以研究退火温度和退火时间对 Fe-Si 化合物的形成及显微结构的影响。

图 4-1 和图 4-2 是室温沉积 Fe/Si 薄膜在 800 ℃、850 ℃ 以及 870~950 ℃ 退火 15 h 后的 XRD 测量结果。从图 4-2 中可以看到,870 ℃ 是明显的分界线,当退火温度低于此值时,除衬底峰外的 XRD 衍射峰测量计数远大于此温度退火样品的计数,前者最强峰达 1×10^4 数量级(见图 4-1),而后者仅为 1×10^2 数量级(见图 4-2)。但前者的测量结果中除了衬底峰仅有位于 $2\theta = 44.986°$ 的一个衍射峰,该位置的峰应该是 FeSi(210)或 Fe(110)的贡献,考虑到这是 800 ℃ 以上退火 15 h 的结果,它应该主要来自 FeSi(210)的衍射,此结果经 EDS 测量得到证实。退火温度增加至 870 ℃ 以上后,该峰完全消失,富硅相 FeSi₂ 的衍射峰开始出现,且测量计数显著降低,如前所述,这是因为富硅相 FeSi₂ 是通过消耗 FeSi 而生长的。870 ℃ 是富硅相 FeSi₂ 开始生长的温度临界

点,在此温度下,退火的样品的 XRD 谱中仅在 $2\theta=31.844°$ 处观察到一小峰,与 PDF 卡片对照知,该峰属于 $\beta-FeSi_2(221)$,该样品中没有观察到其他衍射峰出现,因此我们认为,在此温度下仅有微量 $\beta-FeSi_2$ 形成。随退火温度的增加,$\beta-FeSi_2$ 相衍射峰数量增多,峰强也相应增加,当退火温度增至 870 ℃时,出现了典型的多晶 $\beta-FeSi_2$ 峰,各峰的相对强度也与 PDF 卡片 No. 20-0532 完全一致。同时注意到,除了来自 $\beta-FeSi_2$ 的衍射峰,样品中还出现了 2 个较小的 $\alpha-FeSi_2$ 衍射峰: $2\theta=37.871°$ 的 $\alpha-(101)$ 和 $2\theta=47.821°$ 的 $\alpha-(110)$,即此温度下已有部分 $\beta-FeSi_2$ 开始向高温相 $\alpha-FeSi_2$ 转变,退火温度增加至 900 ℃, $\alpha-FeSi_2$ 峰显著增多增强,但 $\beta-FeSi_2$ 峰依然存在,此时样品中 2 种二硅化物共存,直到退火温度增加至 950 ℃,所有 $\beta-FeSi_2$ 完全转变为高温相 $\alpha-FeSi_2$。

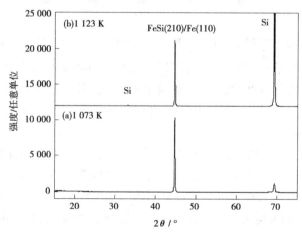

图 4-1　室温沉积 Fe/Si 薄膜在 800 ℃和 850 ℃退火 15 h 的 XRD 测量结果

由实验结果知,对于磁控溅射沉积 Fe/Si 薄膜+真空退火形成 Fe-Si 化合物而言,半导体相 $\beta-FeSi_2$ 形成温度高于文献中的报道,而高温金属相 $\alpha-FeSi_2$ 的形成温度与文献中基本一致,究其原因,可能是因为磁控溅射制备的 Fe/Si 薄膜中存在氧,氧的存在阻碍了 $\beta-FeSi_2$ 的生成,而当退火温度达到 900 ℃之后,氧以铁氧化物形式被还原和挥发,

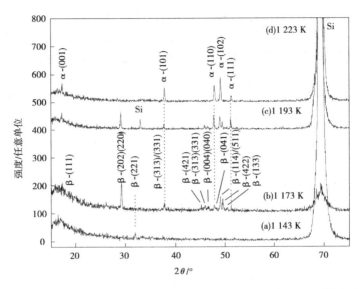

图 4-2　室温沉积 Fe/Si 薄膜在 870~950 ℃ 退火 15 h 的 XRD 测量结果

样品中几乎不再有氧存在,所以高温相 α-FeSi₂ 的形成温度没有受到影响。由此可见,退火温度的确是影响 Fe-Si 系统中硅化物的形成和相变的关键因素,单一半导体相 β-FeSi₂ 形成和生长的温度范围是870~910 ℃。

相关文献指出,制备 β-FeSi₂ 相薄膜的最佳温度是 900 ℃,退火时间为 12~18 h,因此在同样的 Si 衬底上溅射 Fe 膜 100 nm,设定退火时间为15 h,依次在 860 ℃、880 ℃、900 ℃、920 ℃ 的温度下退火,并进行 XRD 测试分析,研究退火温度对 β-FeSi₂ 相薄膜形成的影响,如图 4-3 所示。

在相同的 Fe 膜厚度和相同的退火时间下,随着退火温度的升高,β-FeSi₂ 相在 $2\theta=29.062°$ 或 $2\theta=29.159°$ 的衍射峰 β(202)/(220) 峰强呈现先增强随后减弱以致消失的过程;β-FeSi₂ 相在 $2\theta=45.911°$ 的β(331) 衍射峰、$2\theta=46.283°$ 的 β(004) 衍射峰、$2\theta=48.049°$ 的 β(041)衍射峰,随着退火温度的升高,其峰强在增加,并且 β-FeSi₂ 相衍射峰的数目也在增加。

与此同时,随着退火温度的升高,α-FeSi₂ 相的衍射峰由无到有,

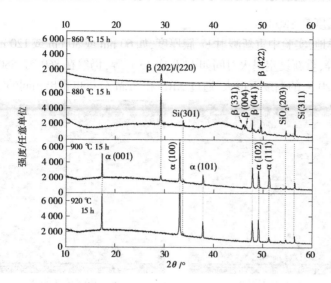

图 4-3　Fe 膜厚度为 100 nm 在 860~920 ℃退火 15 h 的 XRD

其峰强呈现增加的趋势,其衍射峰的数目也在增加。如退火温度低于
880 ℃,没有 α-FeSi₂ 相的衍射峰出现;退火温度高于 900 ℃,α-FeSi₂
相在 $2\theta=17.252°$ 的 α(001) 衍射峰、在 $2\theta=33.228°$ 的 α(100)衍射峰
和在 $2\theta=37.667°$ 的 α(101) 衍射峰出现,并且随着温度的升高,其峰
强也在增强,α-FeSi₂ 相峰强的数目也在增加,如在 $2\theta=48.968°$ 的
α(102) 衍射峰、在 $2\theta=51.123°$ 的 α(111) 衍射峰等。

　　通过样品的 XRD 图分析发现,随着退火温度在 860~920 ℃ 的变
化,XRD 图中出现 β-FeSi₂ 相或 α-FeSi₂ 相,或两者兼而有之。在温度
为 860 ℃时或温度为 900 ℃、920 ℃退火时,β-FeSi₂ 相衍射峰很弱;或
者 β-FeSi₂ 相和 α-FeSi₂ 相同时存在,区别在于峰强的强弱和衍射峰
数目的数量。因此,从 XRD 分析中可以发现,制备 β-FeSi₂ 相薄膜的
最佳温度是 880 ℃。

　　从图 4-4 中可以发现,随着退火温度的升高,β-FeSi₂ 相颗粒呈现
首先增大,然后缩小的变化过程,这与 XRD 分析中 β-FeSi₂ 相衍射峰
的变化过程相符。在 880 ℃退火时,β-FeSi₂ 相衍射峰最强,β-FeSi₂
相颗粒最大。因此,从 SEM 分析中也可以发现,制备 β-FeSi₂ 相薄膜

的最佳温度是 880 ℃。

　　同样地,实验中重新溅射 Fe 膜厚度,如 60 nm 或 80 nm 或 120 nm 或 140 nm 等,重新设定退火时间如 11 h 或 13 h 等,仍然在 860 ℃、880 ℃、900 ℃、920 ℃的温度下退火,通过 XRD 和 SEM 分析也得出相同的结论。

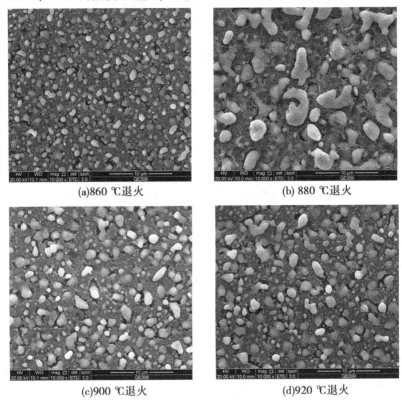

(a)860 ℃退火　　　　　　　　　(b) 880 ℃退火

(c)900 ℃退火　　　　　　　　　(d)920 ℃退火

图 4-4　Fe 膜厚度为 100 nm 在 860~920 ℃退火 15 h 的 SEM

4.3　退火时间的影响

　　由不同温度下退火样品的 XRD 结果可以看到,室温下磁控溅射沉积的 Fe/Si 薄膜在 870 ℃退火 15 h,样品中才刚刚开始有 β−FeSi₂ 形成,900 ℃退火 15 h 后,几乎形成了单一相 β-FeSi₂,而 920 ℃退火 15 h 后,样品中 β-FeSi₂ 和 α-FeSi₂ 共存。为了研究退火时间对半导体 β-FeSi₂ 形成的影响,在温度 900 ℃进行了长时间的退火处理,以确定最优退火时间。

研究结果表明,制备 β-FeSi₂ 相薄膜的最佳温度是 880 ℃,因此我们研究的工艺参数为,在同样的 Si 衬底上溅射 Fe 膜 100 nm,退火温度为 880 ℃,退火时间为 11~22 h,对制备的样品进行 XRD 测试分析,研究退火时间对 β-FeSi₂ 相薄膜形成的影响,如图 4-5 所示。

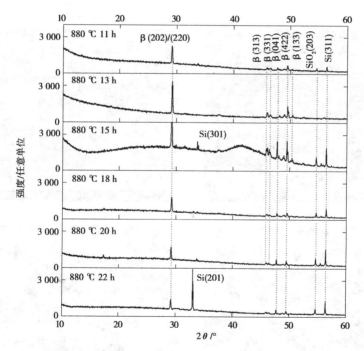

图 4-5　Fe 膜厚度为 100 nm 在 880 ℃退火 11~22 h 的 XRD

从图 4-5 中发现,Fe 膜厚度相同时,随着退火时间的增加,β-FeSi₂ 相在 $2\theta=29.062°$ 或 $2\theta=29.159°$ 的衍射峰,β(202)/(220)峰强呈先增加的趋势,随着退火时间的继续增加,β-FeSi₂ 相峰强呈减弱的趋势。β-FeSi₂ 相在 $2\theta=45.911°$ 的 β(313)衍射峰、$2\theta=46.283°$ 的 β(331)

衍射峰、$2\theta=48.049°$的 β(041) 衍射峰,随着退火温度的升高,其峰强也有相同的变化趋势。

同时,在 880 ℃退火,随着退火时间的增加,Si 衬底的峰强开始出现并呈现增强的趋势,表明 Si 衬底开始出现一定程度的裸露。在 880 ℃退火 11~22 h α-FeSi₂ 相峰强均消失。

从图 4-6 中可以发现,随着退火时间的增加,β-FeSi₂ 相颗粒在增大,Si 衬底开始有一定程度的裸露。从 15~22 h 退火的样品形貌明显好于 11 h 和 13 h 的样品, β-FeSi₂ 相颗粒明显增大,粒径大小基本一

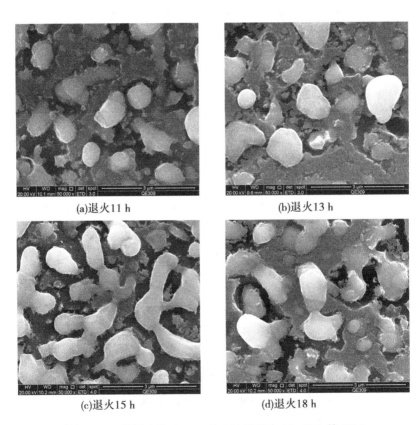

(a)退火11 h　　　　　　　(b)退火13 h

(c)退火15 h　　　　　　　(d)退火18 h

图 4-6　Fe 膜厚度为 100 nm 在 880 ℃退火 11~22 h 的 SEM

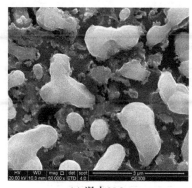

(e) 退火20 h　　　　　　　　　　(f) 退火22 h

续图4-6

致,且颗粒分布均匀,因此制备 β-FeSi₂ 薄膜的最佳退火条件是 880 ℃
退火 15~22 h。

　　同样地,实验中重新溅射 Fe 膜厚度,如 60 nm 或 80 nm 或 120 nm
或 140 nm 等,退火时间仍然为 11~22 h,仍然在 880 ℃的温度下退火,
对制备的样品进行 XRD 和 SEM 分析也得出相同的结论。

4.4　Fe 膜厚度的影响

　　研究结果表明,制备 β-FeSi₂ 薄膜的工艺条件是 880 ℃退火 15~
22 h,因此本节研究的工艺参数为,在同样的衬底硅片上溅射 Fe 膜厚
度 80~130 nm,在 880 ℃的温度下退火 20 h,对制备的样品进行 XRD
测试分析,研究 Fe 膜厚度对 β - FeSi₂ 相薄膜形成的影响,如
图 4-7 所示。

　　从图 4-7 中比较发现,随着溅射 Fe 膜厚度的增加,β-FeSi₂ 相在
$2\theta=29.062°$ 或 $2\theta=29.159°$ 的衍射峰 β(202)/(220) 峰强在增加,但
是增加的幅度不大;随着 Fe 膜厚度的增加,β-FeSi₂ 相在 $2\theta=45.911°$
的 β(331) 衍射峰、$2\theta=46.283°$ 的 β(004) 衍射峰、$2\theta=48.049°$ 的
β(041)衍射峰、$2\theta=50.344°$ 的 β(133) 衍射峰、$2\theta=55.658°$ 的 β(224)
衍射峰等几乎没有变化,并且其峰强很弱。随着 Fe 膜厚度的增加,

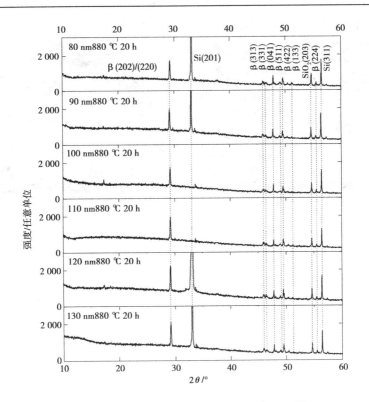

图 4-7　Fe 膜厚度为 80~130 nm，880 ℃退火 20 h 的 XRD

Si(201)的峰强仅在 Fe 膜厚度为 80 nm、90 nm、120 nm、130 nm 时出现，并且其峰强在增加，Fe 膜厚度为 100 nm、110 nm 时，其峰强消失；Si(311)的峰强稍强，基本没有变化；SiO_2(203)的峰强基本没有变化。

从图 4-8 中可以发现，在相同的 880 ℃ 20 h 退火条件下，随着 Fe 膜厚度的增加，β-$FeSi_2$ 相薄膜颗粒没有明显的变化，生成的 β-$FeSi_2$ 薄膜不是连续的致密膜，存在 β-$FeSi_2$ 颗粒间隙，Si 衬底有一定程度的裸露。Fe 膜厚度为 100 nm 和 110 nm 的情况下生成的 β-$FeSi_2$ 薄膜质量明显优于其他 Fe 膜厚度生成的 β-$FeSi_2$ 颗粒，这与前面 XRD 分析中 Si(201)峰强消失是相符合的。

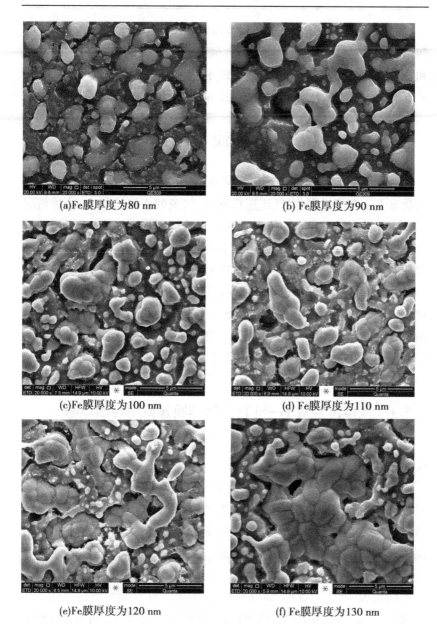

(a)Fe膜厚度为80 nm

(b) Fe膜厚度为90 nm

(c)Fe膜厚度为100 nm

(d) Fe膜厚度为110 nm

(e)Fe膜厚度为120 nm

(f) Fe膜厚度为130 nm

图 4-8　Fe 膜厚度为 80~130 nm,880 ℃退火 20 h 的 SEM

同样地,实验中依然溅射 Fe 膜厚度 80~130 nm,重新设定退火时间,如 15 h 或 18 h 或 22 h 等,仍然在 880 ℃的温度下退火,通过 XRD 和 SEM 分析也得出相同的结论。即 Fe 膜厚度为 80~130 nm,在 880 ℃下退火 15 h(或 18 h 或 20 h 或 22 h)可以生成 β-FeSi₂ 薄膜。

4.5　气体流量的影响

Ar 气流量对硅化物相形成和结晶质量的影响,主要是从气体的流动状态上来考虑。当 Ar 气流速较低时,气流处于层流状态,这种情况下气体流动对溅射出来的原子在衬底上的沉积影响不大,适当增加气体流量时,有助于提高溅产额和沉积速率,沉积膜的均匀性较好,致密度较高。当 Ar 气流速较高时,气体的流动不再能够维持层流模式,而会转变为旋涡式的流动模式。这时,气流中不断出现一低气压的旋涡,这种气体的流动状态称为紊流状态,紊流状态的形成,使气体的稳定流动状态受到破坏。另外,由于气体流速增加,气体分子碰撞频繁加剧,溅射出的原子与气体分子的频繁碰撞使之损失能量,会影响薄膜的均匀性和致密度,从而使沉积膜的结晶质量降低。

4.5.1　气体流量对 Fe-Si 化合物薄膜显微结构的影响

图 4-9 是在不同 Ar 气流量下,室温沉积的 Fe/Si 薄膜在真空中 800 ℃退火 1 h 后的 SEM 图像。从图 4-9 中可以看到,当 Ar 气流量很小(5 SCCM)时,退火后形成的硅化物晶粒细小而分布均匀, 与较大流量沉积样品表面形貌差别较大,这主要是沉积速率过低,沉积膜很薄所致。当 Ar 气流量达到 10 SCCM 后,退火后的样品中硅化物均形成分离的岛状晶粒,且晶粒尺寸明显增加,大晶粒粒径已接近 1 μm;继续增加 Ar 气流量,则样品显微结构的变化不显著,只是晶粒大小略有变化,这些结果表明,在所取的 Ar 气流量范围内,气体流动状态还是属于层流状态,因此对薄膜的均匀性和致密度均没有显著影响,而退火后形成

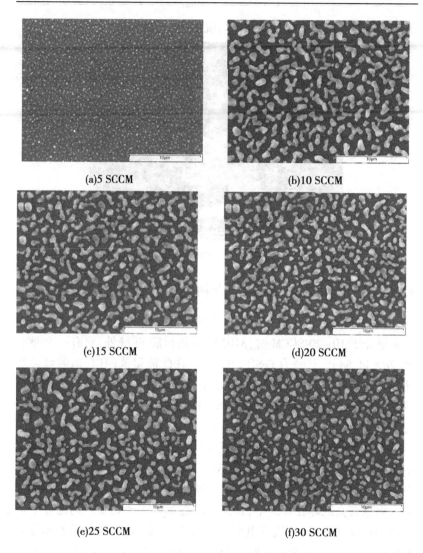

(a)5 SCCM　　　　　　　　　　(b)10 SCCM

(c)15 SCCM　　　　　　　　　　(d)20 SCCM

(e)25 SCCM　　　　　　　　　　(f)30 SCCM

图 4-9　不同 Ar 气流量下室温

沉积的 Fe/Si 薄膜在 800 ℃退火 1 h 后的 SEM 图像

的硅化物晶粒尺度的差别主要是沉积速率不同引起的 Fe 膜厚度不同所致。事实上,Ar 气流量为 30 SCCM 时,气流状态已经接近紊流状态,薄膜的局部区域可以观察到非均匀沉积现象,如图 4-10 所示。

图 4-10　Ar 气流量为 30 SCCM 时,薄膜的非均匀沉积

4.5.2　气体流量对 Fe-Si 化合物薄膜结晶质量的影响

溅射过程中 Ar 气流量对薄膜的结晶性质的影响十分明显。当 Ar 气流量介于 10~20 SCCM 时,XRD 谱中除衬底 Si 峰外,只有一个显著峰,$2\theta=44.849°$,此峰为 FeSi(210)峰。在此流量范围内,衍射峰强度随 Ar 气流量增加而增加,当流量过小或过大时,膜的结晶性质都显著变差。当 Ar 气流量只有 5 SCCM 时,位于 45°附近的衍射位置略有变化,查对 PDF 卡片后知,此峰为 FeSi(210)或 Fe$_3$Si(No. 65-0237),而位于 $2\theta=17.252°$ 处有一较小的峰,查对 PDF 卡片后知,此峰为 α-FeSi$_2$(001)(No. 35-822)。α-FeSi$_2$ 为二硅化铁中的高温相,按相图由二硅化稳定相 β-FeSi$_2$ 转变到高温相 α-FeSi$_2$ 的相变温度为 937 ℃。但也有文献称在外延生长时,可以在远低于此相变点的温度下形成高温相 α-FeSi$_2$。当流量很小时,因溅射速率极低,导致膜的厚度较其他样品薄很多,在 800 ℃退火 15 h 时,便得到了 α-FeSi$_2$ 相。适当增加 Ar 气流量,只要还能维持平流状态,膜的沉积速率和致密度将随流量增加而增加,薄膜结晶质量随之提高,因此衍射峰强度也随 Ar 气流量增加而增加。但是继续增加 Ar 气流量,会导致紊流状态的形成,薄膜的沉积速率会减小,同时结晶质量变差,衍射峰强度陡降。因此,当

Ar 气流量为 20 SCCM 时,衍射峰的相对强度最大,在测量结果中没有观察到 Si(200)峰。故我们认为,流量为 20 SCCM 是较合适的 Ar 气流量。

4.5.3　气体流量对 β-FeSi₂ 结构形成的影响

图 4-11 是在不同 Ar 气流量下溅射的 Fe/Si 薄膜在真空中 900 ℃ 退火 15 h 后的 XRD 测量结果。从图 4-11 中可以看到,Ar 气流量对硅化物相的形成和结晶性质有显著的影响。当 Ar 气流量较低(流量为 15 SCCM 以下)时,退火后的薄膜中形成的硅化物完全是 β-FeSi₂,从衍射峰相对强度看,以流量为 15 SCCM 时溅射的薄膜峰强最大,即这时薄膜的结晶质量最好。当 Ar 气流量大于 20 SCCM 时,测量结果中除了 β-FeSi₂ 相的衍射峰,出现了 FeSi 相的衍射峰,且 β 相衍射峰强度随 Ar 气流量增加显著下降,而 FeSi 峰强度则呈现增加趋势。Ar 气流量对硅化物相形成和结晶质量的影响,主要是从气体的流动状态上来考虑的。对于磁控溅射,溅射时的工作气压一般在 0.1~10 Pa,属于中真空范围,此时气体的流动状态介于所谓分子流状态(气体分子平均自由程大于气体容器尺寸或与之相当,气体分子间几乎不发碰撞)和黏滞流状态(气体分子平均自由程较小,气体分子间的相互碰撞较为频繁)之间的过渡状态。当 Ar 气流量较小时,气流处于层流状态,即气体分子的宏观运动方向与一组相互平行的流线相一致,此时,相邻的流层之间一直维持着相互平行的流动方向,在靠近容器壁的地方,气体分子受到器壁的黏滞力作用,其流动速度趋近于零;随着离开器壁距离的增加,气体的流动速度逐渐增加,在容器的中心,气体的流动速度最高。这种情况下,气体流动对溅射出来的原子在衬底上的沉积影响不大,适当增加气体流量时,有助于提高溅产额和沉积速率,沉积膜的均匀性较好,致密度较高。

从图 4-11 中还看到,气体流量较低,即流量低于 15 SCCM 时,薄膜中只有单一的 β 相且其结晶质量随 Ar 气流量的增加而提高。当 Ar 气流速较高(20 SCCM 或 25 SCCM)时,气体的流动不再能够维持相互平行的层状流动模式,而会转变为一种旋涡式的流动模式。这时,气流中不断出现一现低气压的旋涡,这种气体的流动状态称为紊流状态,紊流

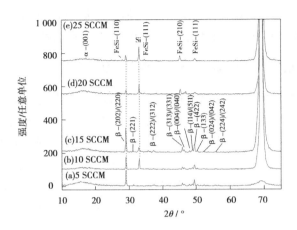

图 4-11　不同 Ar 气流量下沉积的 Fe/Si 薄膜在真空中 900 ℃
退火 15 h 后的 XRD

状态的形成,使气体的稳定流动状态受到破坏。另外,由于气体流速增加,气体分子碰撞频繁加剧,溅射出的原子与气体分子的频繁碰撞使之损失能量,所有这些因素,均会影响薄膜的均匀性和致密度,从而影响沉积膜的结晶质量。至于薄膜中出现了 FeSi 相,可能是因为流量增加时,Ar 气电离度增大,溅射产额和沉积速率均随之增加,所以影响了硅化的进程,薄膜中出现了来不及转化为 β-FeSi₂ 的前期产物 FeSi。

　　图 4-12 是在不同 Ar 气流量下沉积的 Fe/Si 薄膜在真空中 900 ℃退火 15 h 后的 SEM 图像。从图 4-12 中可以看到,即使经过高温长时间退火,气体流量对硅化物薄膜显微结构的影响仍然十分显著,气体流量低于 15 SCCM 时,退火后形成的硅化物薄膜表面晶粒分布比较均匀,尤其是流量为 10 SCCM 和 15 SCCM 时,晶粒细而密集。气体流量达到 20 SCCM 之后,薄膜的表面形貌发生了显著的变化,大晶粒粒径达到 2 μm 以上,最长晶粒长度近 5 μm,且晶粒分布稀疏。

　　综上所述,溅射过程中气体流量对退火后形成的硅化物的物相、晶体结构和显微结构均有明显的影响,总的来说,流量低于 15 SCCM 时,薄膜中得到的是单一的半导体 β-FeSi₂ 相,薄膜表面晶粒分布也较均匀和密集。当气体流量大于 20 SCCM 后,薄膜中除了半导体 β-FeSi₂

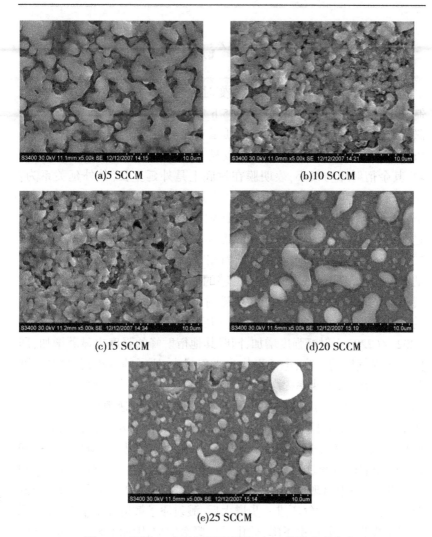

(a)5 SCCM

(b)10 SCCM

(c)15 SCCM

(d)20 SCCM

(e)25 SCCM

图 4-12　不同 Ar 气流量下沉积的 Fe/Si 薄膜在真空中
900 ℃退火 15 h 后的 SEM 图像

相,还出现了少量的 FeSi 相,薄膜的表面形貌也发生了较大的变化,晶粒粒径变大且分布变得稀疏。因此,我们认为较合适 Ar 气流量应为 15 SCCM。

4.6　溅射气压的影响

图 4-13 是在其他溅射参数不变时,改变溅射气压(0. 5 ~ 2. 5 Pa)制备的 Fe/Si 薄膜在 900 ℃退火 15 h 后的 XRD 测量结果。可以看到,溅射气压对硅化物的形成及结晶质量有显著影响。当溅射气压为 0. 5 Pa 时,膜中除了衬底 Si 峰,只有较显著的 β–FeSi₂(202)/(220)衍射峰,其余衍射峰均很小,表明膜在衬底上是外延生长,其外延关系为:β–FeSi₂(202)/(220)//Si(100)。这是因为在相对较低的溅射气压下,电子的平均自由程较长,电子在阳极上消失的概率较大,通过碰撞过程引起气体分子电离的概率较低。离子在阳极上溅射的同时发射出二次电子的概率又由于气压较低而相对较小,这些均导致低压条件下的溅射速率很低。溅射原子有足够的能量和时间扩散迁移至格点位置,从而实现薄膜的外延生长,但溅射气压过低时,不易维持工作气体的自持放电,即不能启辉。溅射气压增加至 1. 0 Pa 后,β–FeSi₂ 的(202)/(220)衍射峰强度增加,同时其他衍射峰的强度也显著增加,即随着溅射气压的升高,电子平均自由程减小,原子的电离概率增加,溅射电流增加,溅射速率提高,因而沉积薄膜不再保持与衬底间的外延取向关系,而是形成了多晶 β–FeSi₂ 膜。同时因溅射速率增加及溅射原子与 Ar 气分子碰撞频度增大,沉积原子能量降低,从而在衬底中扩散与反应能力降低,膜中除了形成 β–FeSi₂,还出现了中间相 FeSi 和 Fe₅Si₃ 相的衍射峰。当溅射气压增至 1. 5 Pa 后,除了形成 β–FeSi₂ 和 FeSi 相,薄膜中出现了 Fe 衍射峰,这说明部分沉积 Fe 原子尚未参与硅化反应。但当溅射气压进一步增大后,溅射原子散射概率增大,导致原子能量损失,溅射速率下降,硅化反应概率增加,因而 FeSi、Fe₅Si₃ 与 Fe 的衍射峰消失,薄膜中只有单一的多晶 β–FeSi₂ 相,与溅射气压为 2. 0 Pa 的样品相比,2. 5 Pa 沉积的样品的 β–FeSi₂ 相的衍射峰强度略有降低,这是因为过高的溅射气压导致溅射原子因散射损失了较多的能量,使其在衬底中的扩散与反应能力降低,从而影响了薄膜的结晶质量,选择合适的溅射气压将使沉积速率达到一极大值,有助于提高膜的附着

力及膜的致密性。

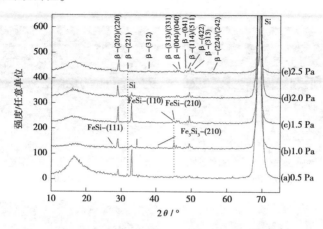

**图4-13 不同溅射气压下室温沉积的 Fe—Si 薄膜在
900 ℃退火 15 h 后 XRD 测量结果**

图4-14 是在不同溅射气压下室温沉积 Fe/Si 薄膜在 900 ℃ 退火
15 h 后的 SEM 图像。从图4-14 中可以看到,溅射气压对薄膜的显微
结构几乎没有影响,或者说长时间的高温退火掩盖了溅射气压对薄膜
显微结构的影响。溅射气压从 0.5 Pa 增加至 2.0 Pa,即经长时间退火
后,所有样品的 SEM 图像均显示 β-FeSi₂ 晶粒呈岛状分离地嵌入在 Si
基质中。溅射气压继续增加至 2.5 Pa 后,岛状硅化物尺度有较大的增
加,且嵌入程度更甚。

由以上讨论知,溅射气压对硅化物的形成及晶体结构有显著影响,
但经高温长时间退火后,溅射气压对薄膜显微结构的影响不明显。溅
射气压低于 1.5 Pa 的薄膜中除了 β-FeSi₂ 相,还有其他的硅化物相存
在,这些相组分随溅射气压的增加而减少。当溅射气压高于 2.0 Pa
时,形成了单一的半导体 β-FeSi₂ 相,认为工作气压为 2.0 Pa 时,制备
的 β-FeSi₂ 薄膜结晶质量最好。

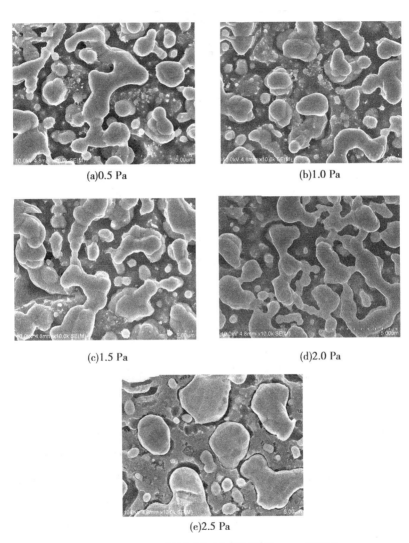

(a)0.5 Pa　　　　　　　　(b)1.0 Pa

(c)1.5 Pa　　　　　　　　(d)2.0 Pa

(e)2.5 Pa

图 4-14　不同溅射气压下室温沉积的 Fe/Si 薄膜在

900 ℃退火 15 h 后的 SEM

4.7 溅射功率的影响

图 4-15 是不同溅射功率下室温沉积的 Fe/Si 薄膜在真空 900 ℃ 退火 15 h 后的 XRD 测量结果,由图 4-15 可见,当溅射功率为 70 W 和 80 W 时,除衬底 Si 峰外,主要的衍射峰均来自 β-FeSi₂,同时在 $2\theta=45°$ 处有较大的 FeSi 峰,也就是说,样品是 β-FeSi₂ 和 FeSi 的混合相。当溅射功率增加至 90 W 和 100 W 时,除了 β-FeSi₂ 峰和 FeSi 峰,还在 $2\theta=38°$ 附近出现了较大的 Fe₅Si₃ 峰。此时薄膜是 β-FeSi₂、FeSi 及 Fe₅Si₃ 的混合相。当溅射功率继续增加至 110 W 时,中间相 FeSi 及 Fe₅Si₃ 的衍射峰消失,薄膜中除了衬底 Si 峰,其余衍射峰均来自 β-FeSi₂,即此时薄膜是单一的半导体 β-FeSi₂ 相。

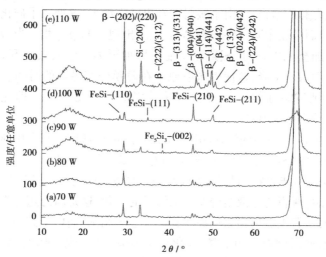

图 4-15 不同溅射功率下室温沉积的 Fe/Si 薄膜在真空 900 ℃
退火 15 h 的 XRD 测量结果

溅射功率是溅射电流 I 与阴极电压 V 的乘积,溅射功率对溅射产额及沉积薄膜的质量均有重要的影响。因为溅射功率的大小,直接影响入射到靶材的离子能量的高低,从而影响溅射产额及溅射出来的靶材原子的动能。当溅射功率增加时,溅射产额先是随着入射离子能量的增加而提高,当入射离子能量达到 10 keV 时溅射产额趋于饱和。当入射离子能量进一步增加时,溅射产额不再增加反而降低,这是因为当入射离子能量达到 100 keV 左右时,入射离子将进入被轰击的物质内部,即离子注入效应开始变得显著,而溅射效应退居其次,所以溅射产额下降。而溅射出来的原子的动能一般是随入射离子能量的增加而增加的。因而沉积原子在衬底中的扩散能力及参与硅化反应的能力均随溅射功率的增加而增加。在 XRD 测量结果中可以看到,当溅射功率较小(70 W 和 80 W)时,溅射产额较低,溅射出来的靶材原子能量较低,在衬底中的扩散能力及参与硅化反应的能力也较低,因此薄膜中形成的硅化物除了 β-FeSi₂,还有少量中间相硅化物 FeSi 出现,溅射功率增加,溅射原子的能量随之增加,因而在薄膜中的扩散能力与参与硅化反应的能力有所增强,但由于溅射产额也随之增加,这抑制了硅化反应的进程,因而薄膜中除了中间相 FeSi,同时出现了 Fe₅Si₃ 相。当溅射功率继续增加至 110 W 时,溅射原子能量增加至离子注入效应开始出现,溅射产额有所下降,这使得溅射原子在薄膜中有足够的时间参与硅化反应,薄膜中除了衬底 Si 峰,所有衍射峰均来自 β-FeSi₂,即此时样品是单一的半导体 β-FeSi₂ 相。

图 4-16 是在不同溅射功率下沉积的 Fe/Si 薄膜在真空中 900 ℃ 退火 15 h 后的 SEM 图像。从图 4-16 中可以看到,溅射功率的大小对退火后形成的硅化物的显微结构有一定的影响,尤其是溅射功率大于 100 W 后,薄膜的显微结构发生了明显的变化,这是因为随着溅射功率的增加,从靶上溅射出来的原子初动能显著增加,而由于离子注入效应的出现,此时溅射产额下降,硅化反应则呈增强趋势,所以薄膜中形成的 β-FeSi₂ 晶粒较小功率样品明显增多,形成了近乎连续分布的薄膜,XRD 证实,薄膜的成分为单一的半导体 β-FeSi₂ 相。而当溅射功率低于 100 W 时,薄膜的成分则是半导体 β-FeSi₂ 相与中间相 FeSi 及 Fe₅Si₃ 的混合物。

以上测量结果表明,溅射功率的大小对薄膜中形成的硅化物物相及晶体结构有显著影响,当溅射功率较低时,薄膜中是半导体 β-FeSi₂

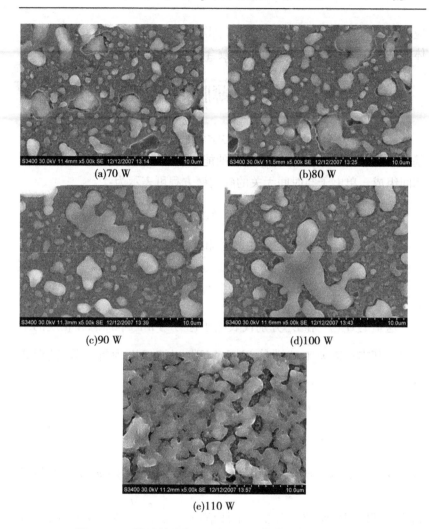

图 4-16　不同溅射功率下沉积 Fe/Si 薄膜在真空中 900 ℃
退火 15 h 后的 SEM 图像

相与中间相 FeSi 的混合物,随溅射功率的增加,溅射产额与溅射出来
的靶原子动能也同时增加,薄膜中不仅有半导体 β-FeSi₂ 相与中间相
FeSi,同时出现了中间相 Fe₅Si₃。当溅射功率进一步增加时,由于溅射
原子动能的继续增加及离子注入效应的出现,溅射产额下降而硅化反

应增强,当溅射功率达到 110 W 时,得到了近乎连续的单一相的半导体 β-FeSi₂ 薄膜。因此,我们认为较合适的溅射功率为 110 W。

4.8　β-FeSi₂ 薄膜的光学特性

固体中电子的行为遵从量子力学和量子统计规律,固体能带理论基于单电子近似,指出晶体中电子的能态形成带状结构,由允带和禁带相间组成。单电子与时间无关的薛定谔方程可表示为:

$$\hat{H}\psi_n(\vec{r}) = E_n\psi_n(\vec{r}) \tag{4-1}$$

其哈密顿算符包括动能项 $\dfrac{1}{2m}\hat{P}^2$ 和势能项 $V(\vec{r})$:

$$\hat{H} = \frac{1}{2m}\hat{P}^2 + V(\vec{r}) \tag{4-2}$$

这里的 $\psi_n(\vec{r})$ 和 E_n 分别代表电子标号为 n 的本征态和相应的本征值。其本征态 $\psi_n(\vec{r})$ 满足 Bloch 定理,以波矢 $\vec{k}$ 为量子数,其形式为:

$$\left.\begin{array}{l}\psi_{n\vec{k}}(\vec{r}) = u_{n\vec{k}}(\vec{r})\exp(i\vec{k}\cdot\vec{r}) \\ u_{n\vec{k}}(\vec{r} + \vec{R}_l) = u_{n\vec{k}}(\vec{r})\end{array}\right\} \tag{4-3}$$

式中, $\vec{R}_l = l_1\vec{a}_1 + l_2\vec{a}_2 + l_3\vec{a}_3$ 为晶格平移矢量, $u_{n\vec{k}}(\vec{r}+\vec{R}_l) = u_{n\vec{k}}(\vec{r})$ 是以晶格为周期的周期函数。而能量本征值由波矢 $\vec{k} = \dfrac{\vec{P}}{h}$ 的函数确定,形成能带,其中 $\vec{P}$ 是电子的动量。函数 $E_n(\vec{k})$ 包含的信息被称为晶体中电子的能带结构。对给定的能带 n, $E_n(\vec{k})$ 通常没有一个简单的解析表达式。

固体的能带结构特性及电子在能带中的填充情况决定了其导电特性。半导体的价电子刚好填满一个能带(价带),紧邻价带的空带(导带)与价带间禁带宽度较小,因而在室温下就有部分电子从价带跃迁到导带,在价带内产生空穴。导带的电子及价带的空穴在电场作用下均可导电,称为载流子。载流子在价带和导带之间的跃迁伴随着光的吸收和发射,因此由能带结构的计算可预言半导体的光学性质及载流子的输运行为。下面对半导体的光学常数与能带结构之间的关系做一简单描述。

固体的宏观光学性质可以用折射率 n 和消光系数 K 来概括,n 和 K 均是频率的函数,并且可以分别看作是复折射率的实部和虚部,即:

$$\tilde{n}(\omega) = n(\omega) + iK(\omega) \tag{4-4}$$

当一束频率为 ω 的电磁波在半导体中沿 x 方向传播时,其电场强度:

$$\vec{E} = \vec{E}_0 \exp[-i(\omega t - kx)] = \vec{E}_0 \exp\left[-i\omega\left(t - \tilde{n}\frac{x}{c}\right)\right] \tag{4-5}$$

式中,$\vec{E}_0$ 是 $x = 0$ 处的电矢量的振幅;c 为真空中光速。而

$$k = \frac{\omega n(\omega)}{c} + i\frac{\omega K(\omega)}{c} \tag{4-6}$$

式(4-6)表明,电磁波在固体中传播时,波矢量一般是复数,其实部表征波的传播方向,大小称为波数,而虚部表征电磁波能量的耗散或衰减。

前面已经假设电磁波沿 x 方向传播,因此可暂且忽略其矢量特性,有:

$$E = E_0 \exp\left(-\omega K\frac{x}{c}\right) \cdot \exp\left[-i\omega\left(t - n\frac{x}{c}\right)\right] \tag{4-7}$$

即电磁波在消光系数不为零的固体中随传播距离按指数规律衰减,衰减速率为 $\dfrac{\omega K}{c}$。实验中测量的是光强:

$$I = E \cdot E^* = E_0^2 \exp\left(-2\omega K\frac{x}{c}\right) = I_0 \exp[-\alpha(\omega)x] \tag{4-8}$$

式中,α 为固体的吸收系数。

$$\alpha(\omega) = \frac{2\omega K(\omega)}{c} = \frac{4\pi K(\omega)}{\lambda_0} \qquad (4\text{-}9)$$

式中,λ_0 为电磁波在真空中的波长。

对半导体来说,讨论电磁波与半导体的相互作用时,复介电函数 $\widetilde{\varepsilon}(\omega)$ 在某种意义上比宏观光学常数 n 和 K 更能表征材料的物理特性,并且更易于和物理过程的微观模型及固体的电子能带结构联系起来,是固体光学常数的另一种表述。由电磁场基本方向麦克斯韦方程组,以及介质在外电磁场 $\vec{E}$ 中产生的电位移矢量 $\vec{D} = \widetilde{\varepsilon}(\omega)\vec{E}$,可得到复介电函数 $\widetilde{\varepsilon}(\omega) = \varepsilon_1(\omega) + i\varepsilon_2(\omega)$ 的实部 $\varepsilon_1(\omega)$ 及虚部 $\varepsilon_2(\omega)$ 与宏观光学常数 n 和 K 的关系:

$$\begin{aligned} \varepsilon_1 &= \varepsilon_0(n^2 - K^2) \\ \varepsilon_2 &= 2n\varepsilon_0 K \end{aligned} \qquad (4\text{-}10)$$

或

$$\left. \begin{aligned} n &= \left\{ \frac{1}{2} \left[(\varepsilon_1^2 + \varepsilon_2^2)^{\frac{1}{2}} + \varepsilon_1 \right] \right\}^{\frac{1}{2}} \\ K &= \left\{ \frac{1}{2} \left[(\varepsilon_1^2 + \varepsilon_2^2)^{\frac{1}{2}} - \varepsilon_1 \right] \right\}^{\frac{1}{2}} \end{aligned} \right\} \qquad (4\text{-}11)$$

式中,ε_0 为真空介电常数。如果介电函数虚部起源于光吸收过程,则吸收系数可以写为:

$$\alpha(\omega) = \frac{2\omega K(\omega)}{c} = \frac{\omega\varepsilon_2(\omega)}{n\varepsilon_0 c} \qquad (4\text{-}12)$$

介电函数的虚部与量子力学中的跃迁概率 W_{ij} 有关:

$$\varepsilon_2(\omega) = \left(\frac{n^2}{\omega}\right) \sum W_{ij}(\omega) \qquad (4\text{-}13)$$

求和遍及全部占据态和未占据态,单电子 Bloch 态之间的跃迁,即从充满的价带进入空的导带态的跃迁概率可用一阶微扰理论给出:

$$W_{ij}(\omega) = \frac{2\pi}{h} |V_{ij}(\vec{k})|^2 \delta[E_{ij}(\vec{k} - \vec{h}\omega)] \qquad (4\text{-}14)$$

式中,带间矩阵元 $|V_{ij}|$ 包含价带和导带波函数的 Bloch 因子和入射光波的偶极算符,它被视为一种微扰。带间矩阵元依赖于光学跃迁的态的对称性和光的偏振性。偶极算符有奇宇称,因此除非 Bloch 因子也有奇宇称,否则,V_{ij} 会消失。如果 V_{ij} 是非零的,表明跃迁是允许的,否则跃迁被称为禁戒的,一般而言,V_{ij} 依赖于电子波矢 $\vec{k}$。然而,接近临界点时,它一般与 $\vec{k}$ 无关。

介电函数的实部和虚部由 Kramers-Kronig 关系相联系:

$$\varepsilon_1(\omega) = 1 + \left(\frac{2}{\pi}\right) P \int_0^\infty \frac{\varepsilon_2(\omega')\omega' d\omega'}{\omega'^2 - \omega^2} \qquad (4-15)$$

其中,P 为积分主值。

在标准的光谱实验中,对反射和(或)透射光的强度进行测量,这是在空气(半导体)界面的反射或通过有吸收的平板(厚板)而透射,通常光入射在样品的表面上,反射系数为:

$$R = \frac{(n-1)^2 + K^2}{(n+1)^2 + K^2} \qquad (4-16)$$

透射系数 T(穿过一厚度为 d 的吸收介质)为:

$$T = \frac{(1-K)^2 \exp(-\alpha d)}{(1-K)^2 \exp(-2\alpha d)} \qquad (4-17)$$

半导体材料的本征光吸收和反射谱能够提供其电子能带结构的重要信息。一种确定半导体薄膜吸收系数的实验方法,是测量其常规入射下的反射率 R 和透射率 T,光子能量对吸收系数的依赖关系可从这些数据中推知,如薄膜厚度、样品的光学模型等。对电子跃迁直接跨越带隙 E_g(动量守恒)的情形:

$$\alpha \sim (E_g - \hbar\omega)^{\frac{1}{2}} \qquad (4-18)$$

如果导带极小值与价带极大值在 $\vec{k}$ 空间不同位置,则为了保持动量守衡必须有声子的参与,称之为间接跃迁。这种情况下光学跃迁会引起声子的吸收或发射。需用二阶微扰理论来确定光学跃迁概率,因此较直接吸收要弱很多,对称性允许的在间接带隙 E_g 附近的光学跃迁,有:

$$\alpha \sim (\vec{h}\,\omega + E_{\mathrm{ph}} - E_{\mathrm{g}})^2 \Big/ \left[\exp\!\left(\frac{E_{\mathrm{ph}}}{k_{\mathrm{B}}T}\right) - 1 \right] \qquad (4\text{-}19)$$

对应于声子吸收跃迁,而

$$\alpha \sim \exp\!\left(\frac{E_{\mathrm{ph}}}{k_{\mathrm{B}}T}\right) (\vec{h}\,\omega - E_{\mathrm{ph}} - E_{\mathrm{g}})^2 \Big/ \left[\exp\!\left(\frac{E_{\mathrm{ph}}}{k_{\mathrm{B}}T}\right) - 1 \right] \qquad (4\text{-}20)$$

相应于发射声子的跃迁。其中 E_{ph} 是所涉及的声子的能量。

因此,半导体的光学带间跃迁研究能提供关于材料的电子结构的丰富信息。光学参数直接与带间联合态密度相关。带间态密度的临界点反映为光谱中独特的线型,且光学常数依赖于声子的能量。

对半导体电子能带结构和相关光学性质的理论模拟,常常显示出比合适的实验技术更多的细节。因此,我们从理论上采用基于第一性原理的赝势平面波方法计算了 β-FeSi₂ 体材料基态的几何结构、能带结构和光学性质。

图 4-17 是采用基于第一性原理的赝势平面波方法计算得到的半导体 β-FeSi₂ 体材料带隙附近的能带结构及能态密度。计算结果表明,β-FeSi₂ 是典型的半导体,其能带结构特点为:价带极大值位于布区中 Y 点,导带最小值位于 Λ 点,因此是间接带隙,能隙值为 0.74 eV。但是价带 Λ 点的能量值只比 Y 点低 65 meV,即位于 Λ 点的直接带隙为 0.805 eV。此外,在 Y 点处还有一直接能隙,其值为 0.82 eV,如图 4-17(a)所示。Filonov 等由 LMTO 方法得到 β-FeSi₂ 的能带结构由位于 Λ 点的直接能隙所表征,其值为 0.742 eV,而导带 Y 点的极小值仅比 Λ 点高 8 meV,其直接能隙值和间接能隙值如此接近,以至于难于确认其带隙特性究竟是属于直接还是间接,因此 β-FeSi₂ 被称为准直接带隙材料,同时,他们也给出了位于 Y 点的第二直接带隙,其值为 0.82 eV,与我们的计算结果一致。带隙附近能态密度主要由 Fe 的 3d 层电子和 Si 的 3p 层电子的能态密度决定,图 4-17(b)和图 4-17(c)、(d)分别给出了半导体 β-FeSi₂ 带隙附近的总态密度和 Fe、Si 的部分态密度。计算结果表明,β-FeSi₂ 的价带电子态分布是不均匀的,主要由 Si 3s 态贡献的下价带区(-13.7~-5 eV)的态密度表现广域性,其值很小,对费米能级附近的态密度几乎没有贡献。而主要由 Fe 3d 态

贡献的上价带区(-5~0 eV)及导带底的态密度表现出强烈的局域化特征,这对 β-FeSi₂ 的电子结构、成键特征及其光学性质均有着重要的影响,使得 β-FeSi₂ 带间跃迁的振子强度很低。此外,Si 的 3p 态对费米面附近态密度也有一定贡献。

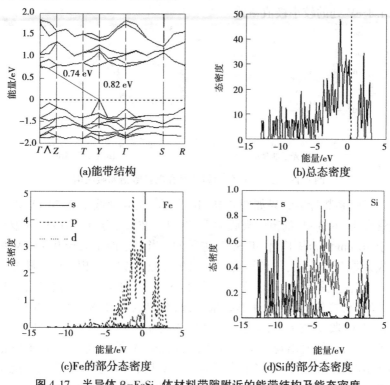

图 4-17　半导体 β-FeSi₂ 体材料带隙附近的能带结构及能态密度

图 4-18 是计算给出的 β-FeSi₂ 体材料的复介电函数谱和吸收谱,从复介电函数虚部 ε_2 谱可以看到,吸收约始于 0.8 eV,但强吸收(图 4-17 上陡直线段)则位于 1.1 eV 附近,并在 1.83 eV 达到第一峰值,与价带中 Fe 和 Si 的 pd 杂化态到导带底的跃迁相对应。达到极值之后随光子能量上升 ε_2 显著下降,但在 2.8 eV 处有一小峰,下降的趋势持续到 3.2 eV 处达到最小值,这之后,ε_2 随光子能量上升呈上升趋势,在 4.1 eV 处又有一较小的峰,最后在 5.2 eV 处达到又一显著极大

值。与 Antonov 等和 Filonov 等用 LMTO 方法计算的 ε_2 第一峰值出现在 1.65 eV 相比较,我们的计算结果向高能方向略有位移,而 Antonov 等采用椭偏光谱测量的值为 1.9 eV,即我们计算的结果与实验值更为接近。他们计算和测量的第二极值均在 4.1 eV 处,与我们的计算结果中 4.1 eV 处的较小极值一致。

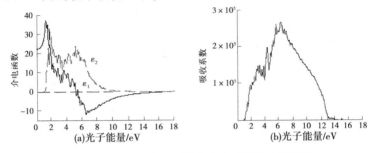

图 4-18　　β-FeSi₂ 体材料的复介电函数谱和吸收谱

　　吸收系数计算结果如图 4-18(b)所示,在能量低于 0.74 eV 以及能量大于 16.3 eV 的范围吸收为零,表明在波长小于 1 770 nm 和波长大于 76 nm 的范围内,β-FeSi₂ 是透明的。当光子能量大于 0.74 eV 后吸收系数开始增大,与计算得到的间接带隙 0.74 eV 相对应。随光子能量上升,吸收系数增大,在能量为 2~5 eV 吸收系数还出现了几个较小的峰值,峰位与 ε_2 的计算结果一致,分别位于 1.83 eV、2.8 eV 和 4.1 eV,吸收系数上升的趋势一直持续到能量 5.8 eV,在 5.80~6.26 eV 吸收系数的值出现了一些起伏,在 6.26 eV 处达到其最大峰,峰值为 2.167×10^5 cm^{-1}。在能量大于 6.26 eV 后,吸收系数随着光子能量的增加单调减小,能量达到 16.3 eV 时,吸收系数减小到零。

　　对于溅射制备的 β-FeSi₂ 薄膜样品,选择溅射 Fe 膜厚度为 100 nm 的样品按直接带隙关系 $a(h\nu) = A(h\nu - E_g^d)^{1/2}$ 和间接带隙关系 $a(h\nu) = A'(h\nu - E_{gim}^d - E_{ph})^2$ 分别进行拟合,如图 4-19 和图 4-20 所示。

　　如图 4-19 所示为由近红外吸收谱按直接带隙关系拟合的 β-FeSi₂ 带隙值结果。按 $\alpha^2 - E$ 的直线关系外推至 $\alpha = 0$,可以得到两个直接带隙,分别为: $E_{gd1} = 0.15$ eV 和 $E_{gd2} = 0.85$ eV,其中第一个值 $E_{gd1} = 0.15$ eV,同基于第一性原理的赝势平面波法计算的 β-FeSi₂ 体材料的理论值明显偏小,这可能与薄膜材料和体材料结构上的差异有关,而第二个值 $E_{gd2}=0.85$ eV 与计算值 0.82 eV 基本一致。

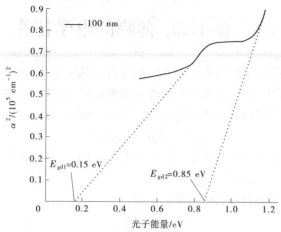

图 4-19　由近红外实验拟合的 β–FeSi₂ 直接带隙

　　如图 4-20 所示为由近红外吸收谱按间接带隙关系拟合的 β–FeSi₂ 直接带隙结果。按 $\alpha^{1/2}$—E 的直线关系外推至 $\alpha=0$ 时,没有得到有用的结果。

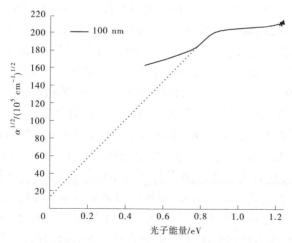

图 4-20　由近红外实验拟合的 β–FeSi₂ 间接带隙

从图 4-19 和图 4-20 可以看出,磁控溅射制备的 β-FeSi₂ 薄膜为直接带隙,其带隙值约为 0.8 eV。

4.9　β-FeSi₂ 薄膜的电学特性

半导体的电学性质主要由其内部的自由载流子在电场中的行为所描述,电场不太强时,载流子行为遵从欧姆定律,在各向同性半导体中,电导率由电子和空穴形成的电流共同贡献,可表示为:

$$\sigma = e(n_e\mu_e + n_h\mu_h) \qquad (4-21)$$

式中,e 是电子电荷;μ_e 和 μ_h 分别是电子的迁移率和空穴的迁移率;n_e 和 n_h 是相应的载流子浓度。

电导率的倒数即为电阻率:

$$\rho = 1/\sigma \qquad (4-22)$$

对磁控溅射制备的半导体 β-FeSi₂ 薄膜的电学性质和输运性质进行了测试和分析,电学性质采用低温超导测量仪测量,而输运性质则采用霍尔效应测量仪测量。

图 4-21 是采用超导低温测试系统所测量的在高阻硅基片上制备(溅射功率为 70 W)的 Fe/Si(111)薄膜在真空中 900 ℃退火 15 h 后的电阻—温度曲线,其中图 4-21(a)为降温曲线,而图 4-21(b)为升温曲线。可以看到,薄膜的电阻随温度上升而呈下降趋势,与典型的半导体的电阻—温度关系一致,这表明薄膜呈半导体性质,从而进一步证实了 XRD 测量的结果(见图 4-22),样品为单一的半导体相 β-FeSi₂ 薄膜。

为了比较不同条件下制备的 β-FeSi₂ 薄膜的电学性质,先在高阻 Si 衬底上溅射 Fe 膜,厚度分别为 80 nm、90 nm、100 nm,然后在 880 ℃退火 15~22 h,对制备的样品进行霍尔效应测量,如图 4-23 所示。

从图 4-23(a)可以看出,B 条件下的霍尔迁移率较大,其数值变化也剧烈。随着退火时间的增加,霍尔迁移率总体呈下降趋势。A、C、D 条件下的霍尔迁移率呈上升趋势,并且变化幅度总体平缓。随着退火时间的增加,霍尔迁移率在增加,并且在同一退火时间内,随着 Fe 膜厚度的增加,霍尔迁移率也在增加。但在退火时间为 20 h 生成的

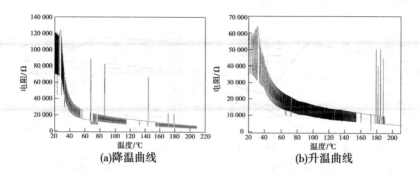

(a)降温曲线　　　　　　　　　　(b)升温曲线

图 4-21　磁控溅射制备的 Fe/Si(111) 薄膜在真空中 900 ℃
退火 15 h 后的的电阻—温度曲线

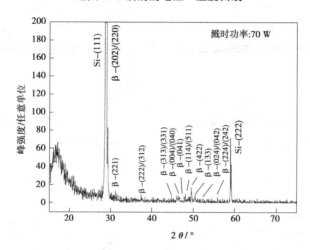

图 4-22　磁控溅射制备(溅射功率 70 W) 的 Fe/Si(111)
薄膜在真空中 900 ℃退火 15 h 后的 XRD 谱

β-FeSi₂ 中,霍尔迁移率很大,随着退火时间的增加又急剧下降。这意味着,霍尔迁移率随着 Fe 膜的厚度和退火时间的增加而增加。

　　从图 4-23(b)可以看出,B、D 条件下,霍尔系数急剧变化,由正值变为负值,呈下降趋势。A、C 条件下,霍尔系数是正值,呈上升趋势。当退火时间为 15 h 和 20 h 时,随着 Fe 膜厚度的增加,霍尔系数由正变为负,急剧下降。当退火时间为 18 h 和 22 h 时,随着 Fe 膜厚度的增

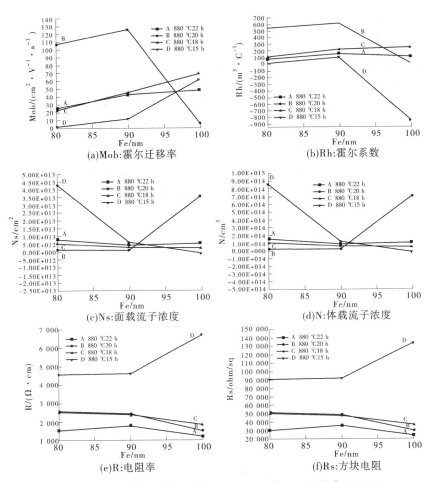

(a)Mob:霍尔迁移率　　　　　　(b)Rh:霍尔系数

(c)Ns:面载流子浓度　　　　　　(d)N:体载流子浓度

(e)R:电阻率　　　　　　(f)Rs:方块电阻

图 4-23　霍尔效应：溅射 Fe 膜 80~100 nm,在 880 ℃退火 15~22 h

加,霍尔系数为正数,并且在升高,即 Fe 膜厚度为 100 nm,退火时间为 15 h 和 20 h 时,霍尔系数是负值。这意味着,Fe 膜厚度为 100 nm、退火时间为 15 h 和 20 h 时,半导体的导电类型会发生改变。而当退火时间为 18 h 和 22 h 时,半导体的导电类型不会发生改变。

　　导电类型发生改变的原因是在退火过程中,随着退火温度和退火时间的改变,Fe 原子与 Si 原子发生反应的比例偏离了 1:2,导致

β-FeSi₂ 薄膜导电类型的改变。

从图 4-23(c)可以看出,在 A、C 条件下,面载流子浓度没有大的变化;在 B 条件下,面载流子浓度是上升的,变化较大;在 D 条件下,面载流子浓度是下降的,变化较大。这意味着,当退火时间为 18 h 和 22 h 时,面载流子浓度基本没有大的变化。而当退火时间为 15 h 和 20 h 时,面载流子浓度变化很大,而且变化的趋势是相反的。

从图 4-23(d)、(c)可以看出,体载流子浓度的变化趋势和面载流子密度的变化趋势完全相同。

从图 4-23(e)可以看出,A、B、C、D 条件下的电阻率是依次增加的,这意味着随退火时间的增加,电阻率也在增加,区别在于电阻率增加的程度不同。在相同的 Fe 膜厚度下,随着退火时间的增加,电阻率也在增加。

从图 4-23(f)、(e)可以看出,方块电阻的变化趋势同电阻率的变化趋势相同。

从图 4-23 可以看出,在 A、C 条件下制备的材料,其霍尔效应有较强的稳定性或者规律性。在 B 条件下制备得到的材料,其霍尔迁移率变化非常大;在 D 条件下制备得到的 β-FeSi₂,其电阻率和方块电阻非常高;在 B、D 条件下,其霍尔系数变化也非常大,材料的导电类型发生了改变。

因此,在 B、D 条件下,其各项参数很不稳定。在 A、C 条件下制备的 β-FeSi₂ 有较好的半导体性质,即 880 ℃ 18 h 和 880 ℃ 22 h。在 880 ℃ 20 h 退火生成的 β-FeSi₂ 有很高的霍尔迁移率,这种特性对制备太阳能电池是有益的。

通过研究退火温度、退火时间和 Fe 膜厚度对 β-FeSi₂ 薄膜形成的影响以及电学性质的测试发现,880 ℃ 18 h 和 880 ℃ 22 h 制备的 β-FeSi₂ 有较好的半导体性质。在 Si 衬底上生成的 β-FeSi₂ 具有高度的(202)/(220)的择优取向。制备的 β-FeSi₂ 是直接带隙半导体,其带隙值为 0.8 eV。

根据 Fe-Si 系统二元相图,理论上在温度低于 937 ℃ 时是稳定的 β-FeSi₂ 相,温度升高时,则转化为稳态的金属相 α-FeSi₂。在这一转化过程中,如果退火温度不够高,或者退火时间不够长,则会出现转化不完全的情况,就会出现 β-FeSi₂ 相和 α-FeSi₂ 相并存;随着温度的继续升高,在本书中是从 860 ℃ 升高到 920 ℃,β-FeSi₂ 相向 α-FeSi₂ 相转化,几乎完全转化为 α-FeSi₂ 相。但是,如果 Fe 膜较厚,仍然不能完全转化,仍然存在两者的混合相。

在 Fe-Si 二元系统中,如果 Fe 膜较薄膜,在较低的退火温度和较短的退火时间就可以生成单一的 β-FeSi₂ 相。在此情况下,Fe 原子仍然能向 Si 衬底扩散并与 Si 原子完全成核生成 β-FeSi₂ 相。但是,由于温度不高,Fe 原子扩散和 Si 原子互相散的动能不高,成核速度慢,主要在硅片表面成核,生成的 β-FeSi₂ 相的峰强较弱,生成的核也不稳定。如果退火温度过高,如超过 900 ℃,β-FeSi₂ 相会发生转化,在这一转化过程中,β-FeSi₂ 中出现 Fe 空位,随后 Fe 原子向周围的 Si 亚晶格中迁移并形成 Fe 的厚层(β-FeSi₂ ≈ α-Fe$_{0.82}$Si₂ +0.18Fe),会存在较多的 Fe 空位,会出现 α-FeSi₂ 相。

随着 Fe 膜厚度的增加,退火温度和退火时间必须相应增加,才能使 Fe 原子有足够的动能和时间全部扩散到硅片的更深的内部,与 Si 原子生成 β-FeSi₂ 相,没有 Fe 空位,生成 β-FeSi₂ 的核很稳定。从实验结果来看,最佳温度是 880 ℃,在此温度下适当延长退火时间,可以生成单一相 β-FeSi₂ 相。由于退火时间较短,生成 β-FeSi₂ 的核不稳定,容易发生转化。在 880 ℃ 退火 18~22 h,由于生成 β-FeSi₂ 的核很稳定,没有向 α-FeSi₂ 转化,均可以生成单一相 β-FeSi₂ 薄膜。因此,为了获得纯度较高的单一相的 β-FeSi₂,需要经过长时间的退火。

在低阻(电阻率 7~13 Ω · cm)Si(100)基片制备的 Fe/Si 薄膜,在真空中 900 ℃ 退火 15 h 后形成 β-FeSi₂ 薄膜,具有半导体性,而在 950 ℃ 退火 15 h 形成的则是 α-FeSi₂ 薄膜,具有金属性,这两个样品的霍尔效应测量结果见表 4-1,从表中可以看到 α-相和 β-相 FeSi₂ 薄膜的结果没有明显差别,其导电类型也与衬底一致,由此可见在低阻 Si 基片上制备的样品不适合用作电性质或输运性质测量,因为测量的结果并不能准确地反映薄膜本身的性质。于是我们又重新在高阻(电阻率大于 10³ Ω · cm)Si(111)基片上重新制备了一组样品,这组样品是在

不同溅射功率下沉积 Fe 膜于 Si(111) 基片上,随后在真空退火炉中
900 ℃退火 15 h 得到的,XRD 测量证实这组样品是单一相的半导体
β-FeSi₂ 薄膜,如图 4-24 所示。其霍尔效应测量结果如表 4-2 所示。

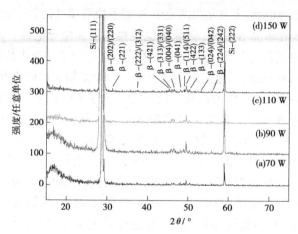

图 4-24　不同功率下磁控溅射制备的 Fe/Si(111)
薄膜在真空中 900 ℃退火 15 h 后的 XRD 谱

表 4-1　低阻 Si(100) 基片上制备的 Fe-Si 化合物的输运参数(300 K)

样品	载流子浓度 /cm⁻³	霍尔迁移率/ (cm² · V⁻¹ · s⁻¹)	电阻率 /(Ω · cm)	霍尔系数 /(cm³ · C⁻¹)
β-FeSi₂ 薄膜	5.468×10^{18}	191.0	5.962×10^{-3}	1.139
α-FeSi₂ 薄膜	5.086×10^{18}	205.0	5.990×10^{-3}	1.228

表 4-2　高阻 Si(111) 基片上制备的 Fe-Si 化合物的输运参数

样品	载流子浓度 /cm⁻³	霍尔迁移率/ (cm² · V⁻¹ · s⁻¹)	电阻率 /(Ω · cm)	霍尔系数 /(cm³ · C⁻¹)
70 W	-2.535×10^{19}	4.866×10^{2}	5.060×10^{-4}	-2.462×10^{-1}
90 W	-3.488×10^{19}	5.028×10^{2}	3.559×10^{-4}	-1.789×10^{-1}
110 W	-1.978×10^{19}	2.647×10^{2}	1.192×10^{-3}	-3.156×10^{-1}
150 W	-4.520×10^{18}	7.746×10^{2}	1.783×10^{-3}	-1.381

从测量数据可以看到,磁控溅射制备的 β-FeSi$_2$ 薄膜的霍尔系数为负值,因此其导电类型属于 n 型导电,这与普遍认为的未进行有意掺杂的 β-FeSi$_2$ 薄膜表现为 p 型导电不一致,但也有文献中提到,在外延膜中观察到 n 型导电性,尤其是当薄膜中 Si 原子数目超过化学计量比时。此外,Muret 等在多晶 β-FeSi$_2$ 薄膜中也观察到了 n 型导电性。测量得到的载流子浓度和迁移率的数量级与文献中报道的多晶膜中载流子浓度和迁移率同数量级,但电阻率明显偏低。由于采用了电阻率高于 1 000 $\Omega \cdot$ cm 的高阻 Si 片作为衬底,我们认为,上述测量结果应该就是磁控溅射制备的 β-FeSi$_2$ 薄膜本身的输运特性。从上述结果中还可以看到,溅射功率对薄膜输运特性有一定的影响,如随溅射功率增加载流子浓度减少而电阻率增加,但这种规律性不明显,有待于进一步研究。

采用第一性原理计算了 β-FeSi$_2$ 块体材料的能带结构、态密度分布和带间光学性质,然后从实验上测量了磁控溅射方法制备的 β-FeSi$_2$ 薄膜材料近红外吸收谱。理论计算表明,β-FeSi$_2$ 体材料为准直接带隙半导体,而光学测量结果指出,磁控溅射制备的 β-FeSi$_2$ 薄膜是直接带隙半导体,其带隙值 E_{gd} = 0.864 eV。对薄膜的电学性质和输运性质进行了初步的测量和分析,测量结果表明,薄膜呈半导体特性,导电类型为 p 型。

第 5 章　β-FeSi₂ 薄膜异质结的制备及性能研究

采用直流磁控溅射技术在 Si 衬底上制备 β-FeSi₂ 薄膜异质结和双异质结,分析了其 XRD 谱图和 SEM 形貌,以及光学和电学特征。制备过程中,为便于异质结性能的比较,Fe 膜厚度取 100 nm,研究了在温度为 880 ℃、退火时间为 15~20 h 的条件下其光学和电学特性,并进行了比较分析。

5.1　β-FeSi₂/Si 异质结

采用直流磁控溅射技术在 Si 衬底上制备出了 β-FeSi₂ 薄膜异质结 β-FeSi₂/Si,在室温下,在 Si 衬底 Si(100)上沉积铁薄膜(99.99%)。当溅射沉积铁膜时,腔内基底真空度优于 2.0×10^{-5} Pa,氩气流量为 15 SCCM,腔内压力为 2 Pa,溅射功率为 110 W。退火时,退火炉腔内基底真空度优于 2.0×10^{-3} Pa,在 880 ℃下真空退火 15~20 h。铁膜厚度为 100 nm,退火温度均为 800 ℃,退火时间分别为 15 h、18 h、20 h。

5.1.1　β-FeSi₂/Si 异质结的表征

如图 5-1 所示为在温度 880 ℃下退火时间分别为 15~20 h 形成的样品的 XRD 图像,它们的 XRD 图像基本是相同的,只是峰强有差异。

从图 5-1 中知道,β-FeSi₂ 已经形成,在 $2\theta = 29.062°$ 或 $2\theta = 29.159°$ 的衍射峰具有 β(202)/(220) 的择优取向。在同样的退火温度 880 ℃下,退火时间越长,生成的 β-FeSi₂ 衍射峰的峰强也越强。

从图 5-2 中发现,样品 A 的晶粒明显大于样品 B 和样品 C,其表面的杂质较少;在样品 C 的表面有更多的杂质。从图 5-2 中发现,β-Fe-

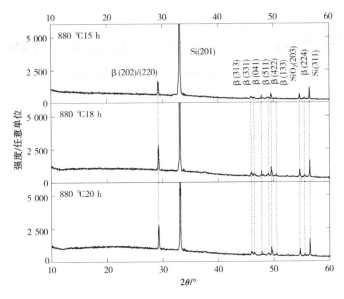

图 5-1　β-FeSi₂/Si 的 XRD 图像

Si₂ 薄膜厚度的最大值在样品 A 中,其厚度是 2 833 nm;而其厚度的最小值在样品 B 中,其厚度是 1 467 nm。总体上,样品 A 中 β-FeSi₂ 薄膜的厚度最大,样品 B 中 β-FeSi₂ 薄膜的厚度最小。

从测量数据中发现,β-FeSi₂ 薄膜的厚度与退火时间没有正比例或反比例关系。例如,退火时间为 20 h,薄膜厚度是 2 833 nm;退火时间为 18 h,薄膜厚度是 1 616 nm;退火时间为 15 h,薄膜厚度是 2 283 nm,从其厚度平均值来看,也有类似的结论。也就是说,在相同厚度的铁膜和相同的退火温度下,制备的 β-FeSi₂ 薄膜厚度与退火时间没有正比例或反比例关系,这主要与热处理的方式有关,在高真空热处理过程中,Fe 膜与 Si 发生反应生成 β-FeSi₂ 的进程有关。

5.1.2　β-FeSi₂/Si 异质结的光学特征

研究中采用紫外光-可见光-近红外光分光度计测量了异质结的反射率和透射率。制备 β-FeSi₂ 薄膜太阳能电池时,主要吸收波长在

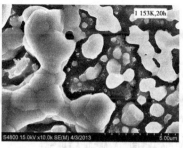

(a)样品A 在880 ℃退火20 h的样品SEM表面及断面图像

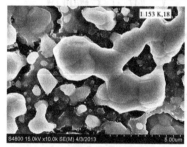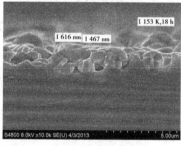

(b)样品B 在880 ℃退火18 h的样品SEM表面及断面图像

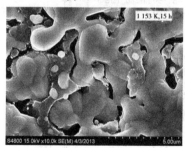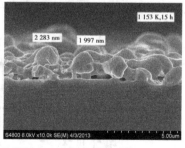

(c)样品C 在880 ℃退火15 h的样品SEM表面及断面图像

图 5-2　β-FeSi₂/Si 的 SEM 表面及断面图像

0.46~0.60 μm 的太阳光以获得较高的光电转换效率,因此主要分析 β-FeSi₂ 薄膜在此波长范围内的反射率和透射率,如图 5-3 所示。

从图 5-3 中可以看出,总体上,样品 C 的反射率最高:当太阳光波长为 456 nm 时,其反射率有最大值,高达 0.958;当太阳光波长为 620

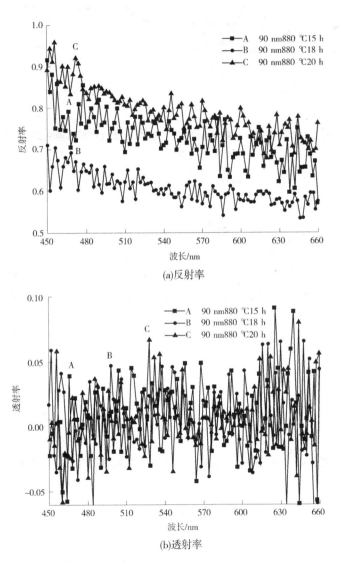

(a)反射率

(b)透射率

图 5-3　样品 A、B、C 的反射率和透射率

nm 时,其反射率有最小值,为 0.68。当太阳光波长为 475 nm 时,其反射率是 0.90。在入射到地球表面的太阳光中,波长为 475 nm 的太阳

光有最大能量值。样品 A 的绝对反射率为 0.57~0.87,当太阳光波长为 475 nm 时,其反射率为 0.78。样品 B 的绝对反射率为 0.53~0.72,当太阳光波长为 475 nm 时,其反射率为 0.60。总体上,样品 A 的透射率的最大值在 0.09 左右,样品 B 的透射率的最大值在 0.067 左右,样品 C 的透射率的最大值在 0.085 左右。由于其数值均在 0~0.09,差别不大,可以近似认为三种 β-FeSi₂ 样品的透射率相等。

考虑到光的反射率、透射率和吸收率之间的关系,可以认为,样品 B 的吸收率最高。由前面的分析知道,样品 B 中 β-FeSi₂/Si 异质结的厚度最小。也就是说,当 β-FeSi₂/Si 异质结厚度较小时,其有较低的光反射率,导致其有较高的光吸收率;当 β-FeSi₂/Si 异质结厚度较大时,其光反射率也较高,导致其光吸收率较低。这种特性表明,采用 β-FeSi₂/Si 异质结制备电池时,其厚度不能太大,采用厚度较大的 β-FeSi₂/Si 异质结制备电池时,其光电转换效率会降低。

5.1.3 β-FeSi₂/Si 异质结的电学特征

为测量异质结的电学性质,分别在电阻率为 5 000~7 000 Ω·cm 的 Si(100)高阻 Si 衬底和(30±2) Ω·cm 的 P/P+(B/B) Si(100)低阻 Si 衬底上制备用于测试的样品 β-FeSi₂/Si,在 880 ℃下进行退火,退火时间分别为 15 h、18 h、20 h,然后进行了霍尔效应的测量。

从测量数据可以看到,无论硅片是高阻还是低阻,退火时间长与短,磁控溅射制备的 β-FeSi₂ 薄膜的霍尔系数为正值,因此其导电类型属于 P 型导电,这与普遍认为的未进行有意掺杂的 β-FeSi₂ 薄膜表现为 p 型导电相一致。薄膜导电类型呈现 P 型,这是因为在退火过程中,Si 原子不断从衬底进入薄膜,与溅射沉积的 Fe 原子相互反应,使得薄膜中的 Fe/Si 原子比趋于化学计量比 1:2,从而得到单一相的 β-FeSi₂ 薄膜。但因为扩散作用,退火后所得的 β-FeSi₂ 薄膜中的 Fe/Si 原子比略大于 1:2,也就是 Fe 原子过量,Si 的空位起到了类似受主的作用,而使得未掺杂的 β-FeSi₂ 薄膜表现出 p 型导电性。霍尔迁移率变化较大,当硅片是低阻时,数值在 65~85 cm²/(V·s)变化;当硅片是高阻时,数值在 10~50 cm²/(V·s)变化。载流子浓度当硅片是低阻时,数值在 5×

10^{18} cm^{-3} 左右变化,变化较小;当硅片是高阻时,数值在 $2\times10^{13}\sim2\times10^{14}$ cm^{-3} 变化,变化较大。在低阻硅片上制备的 β-FeSi₂ 薄膜,其霍尔系数和电阻率非常小,将接近于 0;在高阻硅片上制备的 β-FeSi₂ 薄膜,其霍尔系数在 100~600 m²/C 和电阻率在 1 800~4 600 Ω·cm 变化很大。因此,需要适当选择硅片的阻值来制备 β-FeSi₂ 薄膜。

5.2　Si/β-FeSi₂/Si 异质结

5.2.1　Si/β-FeSi₂/Si 异质结的制备

采用直流磁控溅射技术在 Si 衬底上制备出 β-FeSi₂ 薄膜异质结 Si/β-FeSi₂/Si。在室温下,在硅 Si(100)衬底(5 000~7 000 Ω·cm)上沉积铁薄膜(99.99%)。溅射沉积铁膜时,腔内基底真空度优于 2.0×10^{-5} Pa,氩气流量为 15 SCCM,腔内压力为 2 Pa,溅射功率为 110 W。退火时,退火炉腔内基底真空度优于 2.0×10^{-4} Pa,在 880 ℃下真空退火 20 h 后在其表面溅 Si 膜 100 nm,在 500 ℃下真空退火 1 h。

5.2.2　Si/β-FeSi₂/Si 异质结的表征

Si/β-FeSi₂/Si 双异质结 XRD 分析如图 5-4 所示。从图 5-4 中可以发现,β-FeSi₂ 薄膜已经生成,其杂质既可能来源于 Si 衬底,也可能来源于已溅射的样品在 880 ℃退火前 Fe 膜的氧化或溅射 Si 膜前 β-FeSi₂ 薄膜与空气的接触。从图 5-4 中还可发现,退火后 β-FeSi₂ 薄膜具有 β(202)/(220)的择优取向,即 Si/β-FeSi₂/Si 双异质结已经生成。

从图 5-5 中发现,Si/β-FeSi₂/Si 异质结已经生成,Si 衬底部分裸露,并且 β-FeSi₂ 薄膜的平均厚度为 1 250 nm 左右。

5.2.3　Si/β-FeSi₂/Si 异质结的光学特征

在高阻硅片上制备了异质结,在退火温度 880 ℃,退火时间分别是 15 h、18 h、20 h 条件下制备了 Si/β-FeSi₂/Si 异质结。测量了其反射率和透射率,总体上,溅射 Fe 膜 80 nm 较薄的样品的反射率最高;太阳光

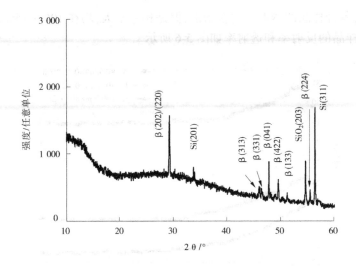

图 5-4　Si/β-FeSi₂/Si 双异质结 XRD 分析图像

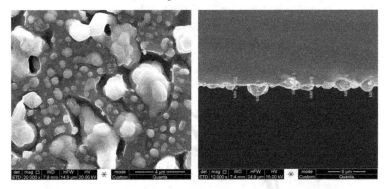

图 5-5　样品 Si/β-FeSi₂/Si 异质结的 SEM 表面及断面图像

波长为 456 nm 时,其反射率有最大值,高达 0.306;太阳光波长为 620 nm 时,其反射率有最小值,为 0.29;太阳光波长为 475 nm 时,其反射率是 0.30。在入射到地球表面的太阳光中,波长为 475 nm 的太阳光有能量的最大值。溅射 Fe 膜 100 nm 的样品的绝对反射率在 0.25~0.263,太阳光波长为 475 nm 时,其反射率为 0.255。溅射 Fe 膜 90 nm 的样品的绝对反射率在 0.225~0.25,太阳光波长为 475 nm 时,其反射率为 0.245。总体上,在可见光范围内,所有样品的透射率为 0。在红外区内,各种样品的透射率均在增加,但是相差不大,均在 10%～15%。
样品的反射率和透射率如图 5-6 所示。

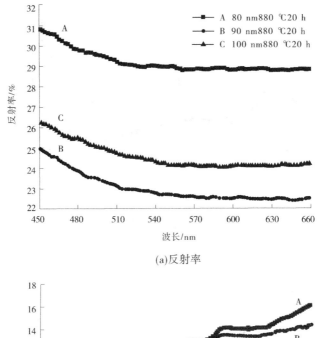

(a)反射率

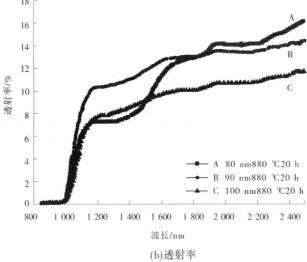

(b)透射率

图 5-6　样品的反射率和透射率

考虑到光的反射率、透射率和吸收率之间的关系,可以认为,溅射 Fe 膜 90 nm 的样品的吸收率最高。由前面的分析知道,在相同的退火温度和退火时间下,溅射 Fe 膜厚度较大,则退火制备的 β-FeSi$_2$ 薄膜厚度较大,因此 Fe 膜 90 nm 的样品中,β-FeSi$_2$ 薄膜的厚度最小。由于在 β-FeSi$_2$ 薄膜表面溅射的 Si 膜厚度也相同,所以异质结的厚度最小。也就是说,Si/β-FeSi$_2$/Si 异质结厚度较小时,其有较低的光反射率,导致其有较高的光吸收率;Si/β-FeSi$_2$/Si 异质结厚度较大时,其光反射率也较高,导致其光吸收率较低。这种特性表明,制备 Si/β-FeSi$_2$/Si 异质结电池时,其厚度不能太大,采用厚度较大的质结制备电池时,其光电转换效率会降低。

5.2.4 Si/β-FeSi$_2$/Si 异质结的电学特征

在高阻硅片上制备了异质结,在退火温度 880 ℃,退火时间分别是 15 h、18 h、20 h 条件下制备了 Si/β-FeSi$_2$/Si 异质结,并进行了霍尔效应测量。从数据中发现,霍尔系数为负值,在$-30 \sim -840$ m^2/C 变化,表明 Si/β-FeSi$_2$/Si 异质结具有 n 型半导体特征,这是由于溅射的 Si 膜在退火时扩散到 β-FeSi$_2$ 薄膜中,增加了 Si/Fe 原子比。其霍尔迁移率在 $10 \sim 100$ cm^2/(V·s) 变化,电阻率在 $1\,500 \sim 7\,000$ Ω·cm 变化,载流子浓度为 1×10^{13} cm^{-3} 左右,随退火时间的不同而发生变化。

在未进行有意掺杂的情况下,在 Si 衬底上磁控溅射制备的 β-FeSi$_2$ 薄膜属于 p 型导电,Si/Fe 原子比在 $1.5 \sim 1.8$。在生成的 β-FeSi$_2$ 薄膜上继续溅射 Si 膜退火后,由于 Si 的扩散增大了 Si/Fe 原子比,使之达到了 $1.9 \sim 2.0$,生成的 Si/β-FeSi$_2$/Si 异质结具有 n 型半导体特征。

在制备 β-FeSi$_2$/Si 异质结过程中,随着退火时间的增加,β-FeSi$_2$ 的峰强在增加。随着 β-FeSi$_2$ 的厚度增加,异质结的光线反射率较高,导致其光线吸收率较低,不利于太阳能电池光电转换效率的提高。在非有意掺杂的情况下,制备的 β-FeSi$_2$ 薄膜的霍尔系数为正值,呈 p 型导电;Si/β-FeSi$_2$/Si 异质结呈 n 型导电。采用 β-FeSi$_2$/Si 异质结和 Si/β-FeSi$_2$/Si 异质结制备电池时,异质结的厚度不能太大,否则会导致光吸收率的下降和电池的光电转换效率下降。

第 6 章 β-FeSi₂ 薄膜电池的模拟

在太阳能电池的制备过程中,采用电池模拟软件对电池结构和参数及电池性能进行模拟,从理论上对电池的光伏特性有了明确的了解,无须经过昂贵且费时的制造过程,可以使用计算机仿真来快速地预测器件设计的电学特性,可以降低成本,缩短研究周期,有利于电池的制备。

用于半导体太阳能电池仿真的软件很多,常见的主要有 AMPS-1D、PC-1D、COMSOL、TCAD 等,其功能各有自己的特点。

6.1 AMPS-1D 软件

AMPS-1D 软件是由美国宾西法尼亚州立大学电子材料工艺研究实验室提供的一维固体器件模拟软件。AMPS-1D 软件是基于第一性原理、半导体和太阳能电池基本方程:泊松方程、电子连续性方程和空穴连续性方程。AMPS-1D 从这三个方程出发得到三个状态变量:电子准费米能级(或电子浓度)、空穴准费米能级(或空穴浓度)和电势,这些状态变量都是位置的函数;而后采用牛顿-拉普拉斯方法在一定边界条件下用数值求解这三个方程,可以用来计算光伏电池、光电探测器等器件的结构与输运物理特性等一系列特性。

AMPS-1D 软件模拟计算界面如图 6-1 所示。

AMPS-1D 软件是根据材料的性质及器件的边界条件用数值方法解电子和空穴的连续性方程和 Poisson 方程,同时得到特定位置的静电势、电子的准费米能级和空穴的准费米能级,再由这三个参数计算出载流子浓度、电场分布等,从而得到器件的输运性质。为了实现这些功能,AMPS-1D 采用了有限元法和 Newton-Raphson 迭代法,在 AMPS-1D 软件中,器件被分成很多小的一维区域,计算的节点就是这些区域

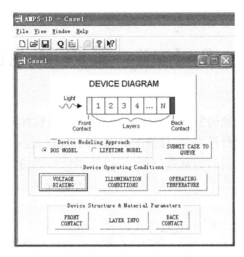

图 6-1　　AMPS-1D 软件模拟计算界面

相交的点,节点的个数可以由用户设置。

　　AMPS-1D 软件具有如下特点:可以处理缺陷能级和掺杂能级;可以处理带间复合和 SRH 复合;可以应用 Boltzmann 和 Dirac 统计;可以处理欧姆接触和肖特基接触;可以在有偏压或有光照的条件下计算器件的输运性质。AMPS-1D 软件的不足之处是,光谱参数和材料的光吸收系数不能直接调用现有的文件,必须手工输入。

　　AMPS-1D 软件要求输入每层材料的介电常数、电子的迁移率和空穴的迁移率、禁带宽度、掺杂浓度、导带和价带的有效态密度、电子亲合势、光吸收系数、层厚等。按照半导体器件基本方程和边界条件得出器件的能带图、电子和空穴的电流密度、产生率和复合率、电流-电压特性、量子效率等特性曲线和相关参数。

　　AMPS-1D 软件可以在态密度和载流子寿命两种半导体电子学描述模式下对器件进行直流模拟。在模拟中用的是 DOS 模式。这种模式下,半导体的电子态分为导带、价带扩展态,导带、价带带尾定域态以及隙间定域态。带尾定域态主要由键角畸变引起,隙间定域态主要由悬键造成。带尾定域态密度用指数函数描述,隙间定域态密度呈双高斯函数分布,分别对应类施主态和类受主态,二者呈正相关能关系,也就是说,类施主态在下,类受主态在上。

6.2　其他软件

PC-1D 是 UNSW(The University of New South Wales,澳大利亚新南威尔士大学)光伏技术特别研究中心开发的用于求解晶体半导体器件中电子和空穴的准一维传输行为的完全耦合的非线性方程拟光伏器件性质的软件,建立了较为完备的半导体器件模型,并着重于光电池器件模拟。

COMSOL Multiphysics 是一款功能强大的多物理场仿真软件,用于仿真模拟工程、制造和科研等各个领域的设计、设备及过程。它可以进一步将模型封装为仿真 App,提供给设计、制造、实验测试以及其他合作团队使用。它可以用来分析电磁学、结构力学、声学、流体流动、传热和化工等众多领域的实际工程问题。其中,半导体模块和波动光学模块等在太阳能电池等器件性能仿真中有广泛使用。

TCAD 就是指 Technology Computer Aided Design,意为半导体工艺模拟以及器件模拟工具,大多数 TCAD 软件按照功能可分为 3 个模块,最底层是工艺仿真模块,用来确定标准工艺下材料水平的器件结构。标准工艺包括氧化、扩散、离子注入、干湿法刻蚀、光刻。仿真主要考虑因素包括杂质扩散、注入杂质和晶格作用、材料各向异性等。器件仿真指在前面工艺仿真得到的器件结构基础上计算电学性质的仿真。

Silvaco TCAD 提供了工艺模拟和器件模拟,它功能强大,操作简便,例子库相当丰富,适合初学者。Sentaurus TCAD 是一种建立在物理基础上的数值仿真工具,它既可以进行工艺流程的仿真、器件的描述,也可以进行器件仿真、电路性能仿真以及电缺陷仿真等,其功能强大,操作复杂,适合工业级的应用。TCAD 还可以用于降低设计成本、提高器件设计生产率以及获得更好的器件和技术设计。

6.3　β-FeSi₂ 薄膜厚度的确定

6.3.1　薄膜厚度的计算

β-FeSi₂薄膜太阳能电池的吸收层厚度,也就是膜厚,是依据下面公式计算得到的:

$$I_v(x) = I_{v0} e^{-ax} \tag{6-1}$$

式中,$I_v(x)$ 为光电流强度;a 为吸收系数,表示单位距离所吸收的相对光子数;x 为自材料表面为初始点的材料内部深度,也就是材料的膜厚;在初始位置,$I_v(0) = I_{v0}$;设定吸收率为 90%,也即 $\dfrac{I_v(x)}{I_{v0}} = 10\% = e^{-ax}$,从而求解材料内部深度 x,也就是膜厚。

6.3.2　薄膜的吸收系数

结合太阳能辐射光谱对理论计算得到的 β-FeSi₂ 光子吸收系数进行数据整理。

整理数据遵循的原则:

(1)能量小于 β-FeSi₂ 薄膜禁带宽度的光子,将不会被其吸收,不予考虑;

(2)β-FeSi₂ 薄膜对其吸收系数小于 1×10^4 cm⁻¹的光子,不予考虑;

(3)当太阳光到达地球表面时,能量很弱或其能量所占的比例很小的光子,不予考虑。

经过计算发现,当光子波长为 0.3~0.45 μm 时,β-FeSi₂的光子吸收系数在一定范围内急剧变化,近似锯齿状;光子波长为 0.45~0.62 μm 时,β-FeSi₂的光子吸收系数近似直线下降,直线斜率绝对值较大,数据变化快。

经过计算 β-FeSi₂薄膜的膜厚与光子波长、光子能量的关系发现,β-FeSi₂ 薄膜对绿色光、蓝色光、近紫外光的吸收系数均大于 $1\times$

$10^5 cm^{-1}$,变化不很大,欲达到 90% 的吸收率时,β-FeSi$_2$薄膜的厚度在 150~250 nm。β-FeSi$_2$薄膜对近红外、红色光、橙色光、黄色光的吸收系数均介于 $1.1×10^4 ~ 1×10^5 cm^{-1}$,变化很大,欲达到 90% 的吸收率时,β-FeSi$_2$薄膜的厚度为 230~2 008 nm,变化相当大。

6.3.3　薄膜吸收层厚度与光子波长关系

结合 β-FeSi$_2$的光子吸收系数整理结果,对 β-FeSi$_2$薄膜太阳能电池的吸收层厚度进行了相应的数据计算,经过计算 β-FeSi$_2$薄膜太阳能电池的吸收层厚度与光子波长的关系,可以发现,当光子波长为 0.45~0.62 μm 时,β-FeSi$_2$ 薄膜太阳能电池的吸收层厚度近似直线变化,直线斜率小,其吸收层厚度值变化较小。

确定薄膜厚度遵循的原则是:

(1)薄膜吸收的太阳光子所占波段的能量百分比要尽可能大,吸收的光子能量要尽可能大;

(2)薄膜材料的吸收系数要尽可能大,也就是膜厚度尽可能小;

(3)薄膜材料的吸收系数要尽可能相对稳定,变化幅度要小,也就是膜厚度基本没有太大的变化。

研究发现,在薄膜质量理想的状况下,取光子波长为 0.46~0.60 μm 较为合适;β-FeSi$_2$薄膜对其吸收系数超过 $1×10^5 cm^{-1}$,其薄膜太阳能电池的膜厚度为 204~250 nm。在此区间内,太阳能光谱的能量分布达到最大。太阳能光谱中,能量值为最大的蓝光(波长为 0.475 μm),其波长也恰好在这一数值区间内。

研究发现,β-FeSi$_2$ 薄膜太阳能电池的吸收层厚度与光子波长在一定范围内近似直线变化。总体上讲,光子波长越大,β-FeSi$_2$ 薄膜太阳能电池的吸收层厚度也随之增大。

横轴 L(光子波长,μm)与纵轴 T(薄膜太阳能电池的吸收层厚度,nm)的关系可表示为:

$$T = 433.3L - 10.7 \tag{6-2}$$

或者

$$T = 209.6L^2 + 225L + 40 \tag{6-3}$$

式中,L 为光子波长,μm,取值区间为 0.46~0.60 μm;T 为 β-FeSi$_2$薄

膜太阳能电池的吸收层厚度, nm。这两个表达式基本反映了 β-FeSi$_2$ 薄膜太阳能电池的吸收层厚度与光子波长之间的变化关系。

在理想状况下采用 β-FeSi$_2$ 薄膜制备太阳能电池其吸收层厚度必须超过 200 nm,才能达到 90% 的太阳能辐射吸收率,进而才能制备光电转换效率高的太阳能薄膜电池,其最佳厚度值区间为 200~250 nm。

通过理论模拟发现, n - β - FeSi$_2$/p - cSi 异质结太阳能电池中 β-FeSi$_2$ 的厚度为 500 nm 时,效率可以达到 10.2%。薄膜电池的光电转换效率随着 Si 衬底厚度的增加迅速下降。当 Si 衬底厚度小于 1 μm 时,电池的光电转换效率可以达到 10%;当 Si 衬底厚度为 100 μm 时,电池的光电转换效率小于 1%;当 Si 衬底厚度为 200 μm 或 500 μm 时,电池的光电转换效率小于 0.1%。当 β-FeSi$_2$ 的厚度为 100~500 nm 时,随着 β-FeSi$_2$ 厚度的增加,电池的光电转换效率在增加,但是增加的幅度在减少。在 p-β-FeSi$_2$/n-cSi 异质结太阳能电池中, β-FeSi$_2$ 的最佳厚度为 350 nm,最佳空穴浓度为 2×10^{17} cm^{-3}。在优化的 p-Si/n-Si 单结电池中 β-FeSi$_2$ 的最佳厚度为 250 nm。在 Si/β-FeSi$_2$/Si 结构电池中, β-FeSi$_2$ 的最佳厚度是 300 nm,其理论光电转换效率可以达到 24.7%,而其上表面硅膜的厚度从 20 nm 到 200 μm 增加时,其能量转换效率略有增大,但是增加的幅度小于 1%。β-FeSi$_2$ 的厚度值与本课题组的研究值 200~250 nm 基本相符。

6.4　β-FeSi$_2$/Si 薄膜电池的模拟

6.4.1　n-β-FeSi$_2$/p-cSi 电池模拟

采用 AMPA-1D 软件对 β-FeSi$_2$/cSi 异质结太阳能电池进行了模拟。通过模拟发现,当 p 型 cSi 层厚度一定时,电池光电转换效率随着 n 型 β-FeSi$_2$ 层厚度的增加而减小,但是其数值变化不大。在 n 型 β-FeSi$_2$ 层的厚度一定时,电池光电转换效率随着 p 型 cSi 层厚度的增加而迅速减小,Si 衬底厚度对电池光电转换效率的影响非常大。当空穴

浓度是 $1 \times 10^{14} \mathrm{cm}^{-3}$, 电子浓度是 $2 \times 10^{15} \mathrm{cm}^{-3}$ 时, p 型 $c\mathrm{Si}$ 层的厚度从 $1 \sim 200$ μm, n 型 β-FeSi$_2$ 层的厚度从 $100 \sim 3\,000$ nm 变化过程中, 电池光电转换效率变化如图 6-2 所示。

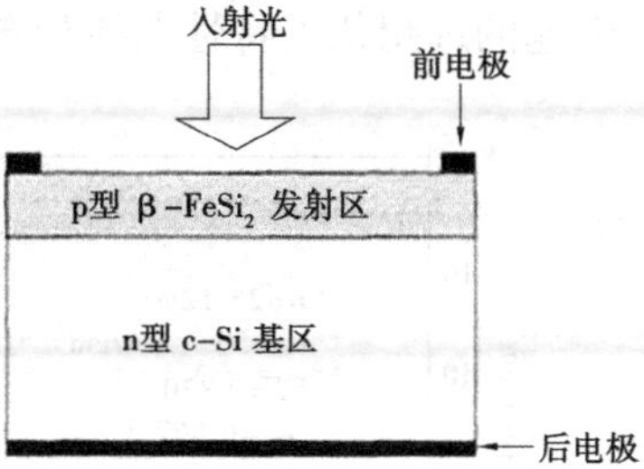

从图 6-2 中可以发现, 当 p-cSi 层厚度小于 10 μm

图 6-2　p-β-FeSi$_2$/n-cSi 电池结构

时, 可以获得 10% 左右的光电转换效率。当 p-cSi 层厚度为 1 μm 时, 光电转换效率随 n-β-FeSi$_2$ 厚度的增加而增加, 增加的程度在下降, 最高可以达到 10.62%, 此时 n-β-FeSi$_2$ 厚度为 2 μm, 超过此厚度, 光电转换效率随之下降。当 p-cSi 层厚度为 10 μm 时, 光电转换效率随 n-β-FeSi$_2$ 厚度的增加而增加, 增加的程度也在下降, 最高可以达到 8.24%, 此时 n-β-FeSi$_2$ 厚度也为 2 μm, 超过此厚度, 光电转换效率随之下降。当 p-cSi 层厚度为 100 μm 时, 光电转换效率随 n-β-FeSi$_2$ 厚度的增加而下降, 光电转换效率为 $0.64\% \sim 0.85\%$。当硅片厚度增加到 200 μm 和 500 μm 时, 电池的光电转换效率小于 0.1%, 开路电压也很小。

6.4.2　p-β-FeSi$_2$/n-cSi 电池模拟

袁吉仁等利用 AMPS-1D 软件对 p-β-FeSi$_2$/n-cSi 异质结太阳电池进行了数值模拟, 他们首先对 p-β-FeSi$_2$/n-cSi 异质结太阳能电池中的 β-FeSi$_2$ 参数进行了优化设计, 得到 β-FeSi$_2$ 的最佳厚度为 350 nm, 最佳空穴浓度为 $2 \times 10^{17} \mathrm{cm}^{-3}$; 同时他们就 p-β-FeSi$_2$/n-$c$Si 异质结太阳能电池的界面缺陷态对电池性能的影响进行了分析, 发现界面态对电池性能有至关重要的影响。

袁吉仁对 p-β-FeSi$_2$/n-cSi 异质结太阳能电池的理论极限转换效率进行计算, 发现最大的转换效率可以达到 28.12%。电池结构如图

6-2 所示,电池的理想伏安特性曲线如图 6-3 所示。

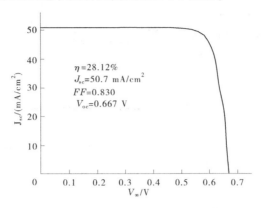

$\eta = 28.12\%$
$J_{sc} = 50.7 \text{ mA/cm}^2$
$FF = 0.830$
$V_{oc} = 0.667 \text{ V}$

图 6-3　理想状况下的电池 I—V 曲线

　　袁吉仁对电池 n 层(晶体硅)的不同厚度(100~300 μm)和不同浓度($5 \times 10^{15} \sim 5 \times 10^{17} \text{cm}^{-3}$)进行了模拟,计算结果发现,晶体硅的厚度和浓度在模拟范围内对电池性能几乎没有影响。

　　袁吉仁用 AMPS-1D 计算电池的理论极限效率时,没有考虑界面态的影响,同时假定前表面没有光反射,后表面光反射率为 100%,这是在理想情况下的计算,电池的理论极限效率可以达到 $\eta = 28.12\%$,$J_{sc} = 50.7 \text{ mA/cm}^2$,$V_{oc} = 0.667 \text{ V}$,$FF = 0.830$。

　　袁吉仁研究了发射区参数、光入射面、界面态和各种复合机制等因素对 β-FeSi₂/cSi 异质结太阳能电池性能的影响。结果表明:采用 p-β-FeSi₂/n-cSi 配置的异质结太阳能电池性能比 β-FeSi₂ 薄膜同质结太阳能电池更佳,且太阳光从 β-FeSi₂ 面入射要好于从 Si 面入射。高的界面态密度会导致很多光生载流子的复合以及产生大的反向饱和电流。由于 β-FeSi₂ 的光吸收系数非常大,使得 β-FeSi₂ 太阳能电池性能对表面的复合速度非常敏感,因而钝化 β-FeSi₂ 表面是制备高效 β-FeSi₂ 太阳能电池的关键。

6.5　Si/β-FeSi$_2$/Si 薄膜电池的模拟

Gao 等利用 AMPS-1D 软件计算 Si/β-FeSi$_2$/Si 结构的电池,两边是 Si 层(晶硅或非晶硅)。电池的结构参数,如每层的厚度、掺杂浓度、缺陷态密度等已考虑。优化后的结构表明,小于 1 μm 的厚度可以得到 0.68 V 的开路电压,光电转换效率达到 24.7%。同时也发现,用非晶硅替代 β-FeSi$_2$ 两边的晶体硅能得到更高的转换效率和开路电压。模拟用的晶硅和非晶硅电子参数和缺陷参数来自公开发表的实验数据,如表 6-1 所示。

表 6-1　模拟计算中采用的 cSi、β-FeSi$_2$、aSi 的参数

参数/单位	cSi	β-FeSi$_2$	aSi
介电常数	11.9	22.5	9.66
电子迁移率/($cm^2 \cdot V^{-1} \cdot s^{-1}$)	1 350	100	15
空穴迁移率/($cm^2 \cdot V^{-1} \cdot s^{-1}$)	500	20	2
受主浓度/cm^{-3}	$1\times10^{16} \sim 1\times10^{19}$	3×10^{15}	$1\times10^{18} \sim 1\times10^{20}$
施主浓度/cm^{-3}	$1\times10^{16} \sim 1\times10^{19}$	3×10^{16}	$1\times10^{18} \sim 1\times10^{20}$
禁带宽度/eV	1.12	0.87	1.7
导带有效态密度/cm^{-3}	2.8×10^{19}	5.6×10^{19}	2.5×10^{20}
价带有效态密度/cm^{-3}	1.04×10^{19}	2.08×10^{19}	2.5×10^{20}
电子亲和势/eV	4.05	4.16	3.92
能带尾态密度/($cm^{-3} \cdot eV^{-1}$)	1×10^{14}	1×10^{14}	1×10^{21}
施主特征能级/eV	0.01	0.03	0.2
受主特征能级/eV	0.01	0.03	0.07
施主态时电子捕获截面/cm^2	1×10^{-15}	1×10^{-15}	1×10^{-15}
施主态时空穴捕获截面/cm^2	1×10^{-17}	1×10^{-17}	1×10^{-17}
受主态时电子捕获截面/cm^2	1×10^{-17}	1×10^{-17}	1×10^{-17}

续表 6-1

参数/单位	cSi	β-FeSi$_2$	aSi
受主态时空穴捕获截面/cm^2	1×10^{-15}	1×10^{-15}	1×10^{-15}
高斯态密度/cm^{-3}			3×10^{17}
施主高斯峰值能/eV			1.22
受主高斯峰值能/eV			0.7
标准偏差/eV			0.23
施主态时电子捕获截面/cm^2			1×10^{-14}
施主态时空穴捕获截面/cm^2			1×10^{-15}
受主态时电子捕获截面/cm^2			1×10^{-15}
受主态时空穴捕获截面/cm^2			1×10^{-14}
中间带隙态密度/(cm^{-3}·eV^{-1})	1×10^{11}	1×10^{11}	
转换能级位置/eV	0.56	0.44	
电子和空穴的表面复合速度/(cm·s)	1×10^6	1×10^6	1×10^6

Gao 等在不同厚度和每层不同的掺杂浓度下模拟了晶硅 Si/β-FeSi$_2$/Si 结构的电池光照电流—电压曲线,在计算中,β-FeSi$_2$ 的能带尾态密度和中间带隙态密度与单晶硅的时参数相同。通过模拟发现,当 p 层硅和 n 层硅掺杂浓度从 $10^{16}\sim10^{19}$ cm^{-3} 变化时,开路电压 V_{oc} 轻微上升。掺杂浓度对能量转换效率几乎没有影响。当 p 层硅和 n 层硅的厚度从 20 nm 到 200 μm 增加时,其能量转换效率仅有小于 1% 的变化。随着 β-FeSi$_2$ 厚度的增加,短路电流和填充因子变化很小,光电转换效率在开始时快速升高,直到到达一个饱和点。也就是存在一个关键的薄膜厚度值能完全吸收太阳光,薄膜厚度超过这个值则对于光电转换效率的提高没有进一步的作用,这个最佳厚度是 300 nm,如图 6-4 所示,它对应的光电吸收系数为 10^5 cm^{-1}。

在此厚度下,Gao 等对 n-β-FeSi$_2$/p-Si 和 p-β-FeSi$_2$/n-Si 结构的电池进行了模拟,其结果如图 6-5 所示,经过优化的厚度为 250 nm 的

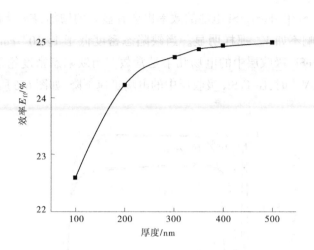

图 6-4 晶硅 Si/β-FeSi₂/Si 电池厚度与效率的关系

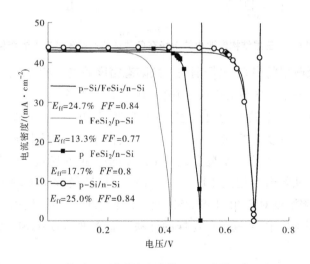

图 6-5 四种结构电池的 J—V 曲线比较

p-Si/n-Si 单结电池的光照 J—V 曲线也放在曲线中进行比较。

Gao 等发现,当 β-FeSi₂ 的缺陷密度低于 $10^{16}(\mathrm{cm^{-3} \cdot eV^{-1}})$ 时,Si/β-FeSi₂/Si 的结构电池的 V_{oc} 要优于同样结构的 β-FeSi₂/Si 电池;同

时发现,Si/β-FeSi$_2$/Si 电池的效率也会有显著的增加,FF 受缺陷态密度的影响不如 V_{oc} 那样明显。当缺陷态密度低于 $1×10^{16}$ cm^{-3} · eV^{-1} 时,β-FeSi$_2$ 吸收层中的电场几乎是常数。当缺陷态密度超过 $1×10^{16}$ cm^{-3} · eV^{-1} 时,β-FeSi$_2$ 吸收层中的电场迅速下降,如图 6-6 所示。

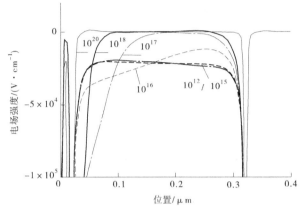

图 6-6　三层结构电池中的电场在各种缺陷态密度情况下的变化

在吸收层的中心,电场消失。缺陷态密度的进一步增长,导致了吸收材料中零电场区域的扩展,抑制了载流子的漂移。因此,在 β-FeSi$_2$ 吸收层维持一个较低的缺陷态,也就是低于 10^{16} cm^{-3} · eV^{-1} 很有必要。当缺陷浓度低于 10^{16} cm^{-3} · eV^{-1} 时,β-FeSi$_2$ 中的载流子密度对转换效率几乎没有影响,随着载流子浓度的增加,转换效率仅有轻微的增加。当缺陷密度超过 10^{17} cm^{-3} · eV^{-1} 时,转换效率急剧下降。因此,低缺陷浓度对 Si/β-FeSi$_2$/Si 电池非常关键。但是,使用目前已知的薄膜制备技术,要制备出这样的低缺陷态密度的 β-FeSi$_2$ 吸收层是困难的。

对于 β-FeSi$_2$,其导电类型同其化学组成偏离理想化学计量比有关,也就是 Si/Fe 原子比在 1.5~1.8 时是 p 型,Si/Fe 原子比在 1.9~2.0 时是 n 型。薄膜中 Fe 和 Si 的空隙在 β-FeSi$_2$ 能带中分别导致类施主能级和类受主能级。对于类施主能级,缺陷能级固定在 0.075 eV 和 0.21 eV;对于类受主能级,缺陷能级固定在 0.1 eV 和 0.19 eV,它们不依靠组成成分的偏离。

宽带材料应用在光学吸收层的两边有望进一步增加开路电压,如非晶硅。在 $aSi/\beta - FeSi_2/aSi$ 电池中,p 型 Si 层的掺杂要高于 10^{20} cm^{-3},以形成一个合适的电池结构,aSi 仅仅数十纳米厚,aSi 的缺陷态密度对太阳能电池的特性几乎没有影响。

图 6-7 中是 $aSi(p)/\beta - FeSi_2(i)/aSi(n)$、$aSi(n)/aSi(p)$、$aSi(n)/\beta-FeSi_2/aSi(p)$ 电池的光照 $J-V$ 曲线。它们的厚度是相同的,都是 $0.4~\mu m$。

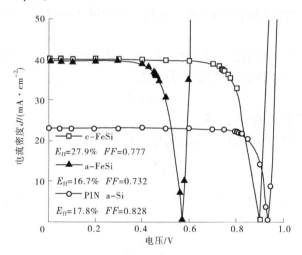

图 6-7 三种电池的光照 $J-V$ 曲线比较

从图 6-7 中看出,对于晶体 $Si/\beta-FeSi_2/Si$ 电池器件,由于 aSi 比 cSi 的带宽大,导致器件中有较大的内建势,从而有较大的开路电压 V_{oc} 值为 0.9 V。经过优化的非晶材料 p-i-n 器件的光电转换效率是 27.9%,大于经过优化的 aSi 器件(17.8%)。然而,当考虑更高的缺陷时,效率降到 16.7%。这些结果表明,缺陷浓度的减少对于得到高效率的转换是非常重要的。

刘浩文假定 Si 衬底的厚度为 200 nm,利用 AMPS-1D 软件对 p-$\beta-FeSi_2/n-cSi$ 电池进行了模拟计算,其结论同 Gao 的结论相似。

第 7 章 β-FeSi₂ 薄膜电池的制备研究

为获得较高光电转换效率的太阳能电池,半导体电池结构通常采用半导体异质结结构。本章制备基于 β-FeSi$_2$ 的薄膜太阳能电池采用半导体异质结结构,采用磁控溅射技术和丝网印刷技术分别制备欧姆电极。

从光学知识知道,入射强度为 I_0 的光线照射到厚度为 t 的材料表面,透射光线的强度 I_t 有如下关系式:

$$I_t = I_0 e^{-at} \tag{7-1}$$

式中,a 为材料的吸收系数。

垂直入射光在入射表面上的反射率 R 可表示为:

$$R = \left(\frac{n-1}{n+1} \right)^2 \tag{7-2}$$

式中,n 为材料的折射率。当考虑出射面的反射时,总的反射率 r 可表示为:

$$r = \frac{2R}{1+R} \tag{7-3}$$

光线的透过率 T 定义为:

$$T = \frac{I_t}{I_0} \tag{7-4}$$

当考虑到材料的吸收和反射时,光线的透过率 T 为:

$$T = \frac{(1-R)^2 e^{-at}}{1 - R^2 e^{-at}} \tag{7-5}$$

由式(7-5)可以求得材料的吸收系数 a 为:

$$a = \frac{1}{t} \ln \left[\frac{(1-R)^{-2}}{2T} + \sqrt{R^2 + \frac{(1-R)^4}{4T^2}} \right] \tag{7-6}$$

从式(7-6)可以看出，a 是材料厚度 t、材料对光线的反射率 R 和透射率 T 的函数，同时，从式(7-2)和式(7-5)可以知道，材料对光线的反射率 R 和透射率 T 又是材料的折射率 n 的函数。因此，从根本上讲，材料对光线的吸收系数 a 是材料厚度 t 和折射率 n 的函数。

根据半导体理论，当波长为 λ_c 的入射光照射半导体表面时，光子激发产生电子-空穴对（光子被吸收）的条件是：

$$E_g \leqslant \frac{hc}{\lambda_c} \tag{7-7}$$

式中，E_g 为半导体材料的禁带宽度；h 为普朗光常数；c 为光速。也就是说，半导体材料的禁带宽度决定了半导体材料的短波吸收限。当光子能量大于材料的禁带宽度时，其能量才能被半导体材料吸收和利用。

当光子穿过半导体材料时，禁带中杂质能级束缚的电子、空穴吸收光子能量跃迁到高能态，这就是杂质吸收，这种吸收具有选择性；导带中的电子或价带中的空穴吸收光子能量，产生能级跃迁，这种吸收对任何波长的光子都有，因此它没有选择性。

根据半导体理论，自由载流子吸收系数 a_n 与电子浓度 N，自由载流子吸收系数 a_p 与空穴浓度 P 分别有如下关系：

$$a_n = \frac{\lambda^2 e^3}{4\pi^2 c^3 n \varepsilon_0} \frac{N}{(m_n^*)^2 \mu_n} \tag{7-8}$$

$$a_p = \frac{\lambda^2 e^3}{4\pi^2 c^3 n \varepsilon_0} \frac{P}{(m_p^*)^2 \mu_p} \tag{7-9}$$

式中，λ 为入射波长；n 为折射率；ε_0 为介电常数；m_n^* 为电子有效质量；μ_n 为电子迁移率；m_p^* 为空穴有效质量；μ_p 为空穴迁移率。

由式(7-8)和式(7-9)可见，自由载流子的吸收系数与载流子浓度成正比，而与材料的迁移率成反比。但由于 m_p^* 和 μ_p 都比 m_n^* 和 μ_n 小，因此，比较而言，空穴的吸收系数就比较大，电子的吸收系数就比较小，吸收系数越大，透射率就越小，光子能量的利用率就会越高。

室温时，硅的禁带宽度为 1.12 eV，其短波吸收限是 1.11 μm，与制备太阳能电池所需的理想半导体的禁带宽度非常接近。在半导体材料中,硅的力学性能很好,其热学性能也好,热导率越高,热膨胀系数越低,硅材料在高温下的热传导快,变形小,而且其在自然界的分布非常广泛,价格低廉,易于制取。这些优势使得硅成为理想的制备太阳能电池的材料之一。

β-FeSi₂ 在 Si(100)表面有两种外延方式:

(1)A 型取向:β - FeSi₂(100)/Si(001),取向关系为:β-FeSi₂ [010]//Si<110>,晶格常数失配度为 1.4% 和 2.0%。

(2)B 型取向:β - FeSi₂(001)/Si(001),取向关系为:β-FeSi₂ [010]//Si<100>,它和 Si 衬底的晶格失配度为 1.4% 和 2.7%。

β-FeSi₂ 在 Si(111)表面也有两种外延方式:

(1)β-FeSi₂(101)/Si(111),取向关系为:β-FeSi₂[101]//Si<011>,晶格常数失配度为 1.4% 和 5.3%。

(2)β-FeSi₂(110)/Si(111),取向关系为:β-FeSi₂[001]//Si<011>,它和 Si 衬底的晶格失配度为 2.0% 和 5.5%。也有研究者认为,β-FeSi₂ 在 Si(111)表面的失配度为-1.6%、5.5%和-2.1%、5.7%。两者相比较,在 Si(100)衬底上制备 β-FeSi₂,其失配度较小,并且小于5%,能制备出高质量的 β-FeSi₂。

但是,也有研究者认为,采用 β-FeSi₂(100)/Si(100)结构制备的器件中,其少数截流子载流子复合程度比采用 β-FeSi₂(101/110)/Si (111)结构制备的器件更严重。因此,研究中同时采用 Si(100)衬底和 Si(111)衬底来进行制备电池的探索。理论模拟的结果显示,使用 n 型 Si 型衬底制备 β-FeSi₂ 电池更容易获得较高的效率。在本书的实验中,分别采用 p 型 Si 衬底和 n 型 Si 衬底来制备薄膜电池。

7.1　β-FeSi₂/Si 异质结电池

采用磁控溅射技术在衬底 n 型 Si(111)/(110) (R>1 000 Ω·cm)表面溅射 Fe 膜 100 nm,分别先在 880 ℃下退火 15 ~ 22 h,制备出 β-FeSi₂/Si 结构。然后在 β-FeSi₂ 上表面溅射 Ag 膜 10 nm,在 650 ℃

下真空退火 15 min;最后在其 Si 的下表面溅射 Al 膜 15 nm,在 450 ℃
下真空退火 20 min,完成电极的制备,电池结构如图 7-1 所示,最后在
25 ℃、100 mW/cm² 的光照条件下测量其伏安特性,从其伏安特性发
现,此种情况下没有电池的伏安特性出现,它就是一个二极管,具有单
向导电性。

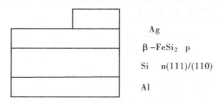

图 7-1　β-FeSi₂/Si(111)/(110)电池结构

先采用磁控溅射技术在衬底 Si(111)(n 型不掺杂,R>1 000 Ω·
cm)表面溅射 Fe 膜 100 nm,然后在 880 ℃下真空退火 20 h,得到 β-
FeSi₂/Si 结构。在 β-FeSi₂/Si 表面采用丝网印刷技术制备电极(主栅
线 1 000 μm,细栅线 80 μm,正面 β-FeSi₂ 丝印铝浆,背面 Si 丝印银
铝浆),经过烘干、烧结,得到电池,电池结构如图 7-2 所示。电池上表
面是 P 型 β-FeSi₂,上电极用铝浆料做电极;下表面是 n 型 Si 衬底,是
用银铝浆料做背场形成的 pnn⁺结构,最后在 25 ℃、100 mW/cm² 的光
照条件下测量其伏安特性,得到电池性能参数为 V_{oc}=0.10 V、I_{sc}=0.90
mA,但是光电转换效率很低。

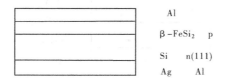

图 7-2　β-FeSi₂/Si(111)电池结构

先采用磁控溅射技术在低阻 Si 衬底上制备 β-FeSi₂/Si(100)的电
池。硅片是 Si(100)、p 型,掺杂剂 B,1~3 Ω·cm。在 2 cm×2 cm 的硅
片上溅射 Fe 膜 60~120 nm,然后在 880 ℃下分别退火 15~22 h,得到

β-FeSi₂/Si 结构。

采用丝网印刷方法制备电极(主栅线 1 000 μm,细栅线 80 μm,正面 β-FeSi₂ 丝印银浆,背面 Si 丝印铝浆,烘干、烧结),制备出 β-FeSi₂/Si 薄膜电池,其结构如图 7-3 所示,最后在 25 ℃、100 mW/cm² 的光照条件下测量其伏安特性曲线,发现在此 Si 衬底上制备的 β-FeSi₂/Si 结构电池没有光伏特性。

$$\begin{array}{ll} \text{Ag} & \\ \beta\text{-FeSi}_2 & \text{n} \\ \text{Si(100)} & \text{p} \\ \text{Al} & \end{array}$$

图 7-3　β-FeSi₂/Si(100)电池结构(1)

采用磁控溅射技术在高阻 Si 衬底上制备 β-FeSi₂/Si(100)的电池。硅片是 Si(100)、p 型,5 000~7 000 Ω·cm。先在衬底上磁控溅射 Fe 膜 100 nm,然后在 880 ℃下真空退火 20 h 得到 β-FeSi₂/Si 结构,电池结构如图 7-4 所示,采用丝网印刷制备欧姆电极。电池的上表面是 n 型 β-FeSi₂,上电极用银铝浆料做电极;电池的下表面是 p 型 Si,用铝浆料做背场形成 NPP⁺ 结构,然后在 25 ℃、100 mW/cm² 的光照条件下测量其伏安特性曲线,得到 $V_{oc} = 0.034$ V,$I_{sc} = 0.064$ mA,但是光电转换效率很低。

$$\begin{array}{ll} \text{AgAl} & \\ \beta\text{-FeSi}_2 & \text{n} \\ \text{Si(100)} & \text{p} \\ \text{Al} & \end{array}$$

图 7-4　β-FeSi₂/Si(100)电池结构(2)

采用磁控溅射技术在低阻 Si 衬底和高阻 Si 衬底上分别制备了 β-FeSi₂/Si(100)的电池。硅片是 Si(100)、P/P⁺(B/B),(30±2)Ω·cm 和 Si(100),5 000~7 000 Ω·cm。先在 2 cm×2 cm 的硅片上溅射 Fe 膜 80~100 nm,然后在 880 ℃下分别退火 15~22 h,得到 β-FeSi₂/Si(100)结

构。采用丝网印刷方法制备电极,其结构如图 7-5 所示,最后在 25 ℃、100 mW/cm² 的光照条件下测量其伏安特性曲线。发现在低阻 Si 衬底上制备的 β-FeSi₂/Si(100)电池没有光伏特性。

先在硅片上依次溅射 Fe 膜 80~100 nm,然后在 880 ℃下退火 18 h 制备 β-FeSi₂/Si(100)电池,测试其伏安特性曲线发现,短路电流很小,在微安数量级上,开路电压为 0.3 V,其短路电流最大为 5.8 μA 左右。如果先溅射 Fe 膜 90 nm,然后在 880 ℃下退火 18 h 形成 β-FeSi₂/Si(100)结构,从其光伏特性曲线发现,$U_m = 0.177$ V,$I_m = 3.32$ μA,$I_{sc} = 5.8$ μA,$V_{oc} = 0.31$ V,其光电转换效率很低,填充因子 $FF = 34.5\%$。

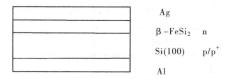

图 7-5　β-FeSi₂/Si(100)电池结构(3)

如果先在硅片上依次溅射 Fe 膜 80~100 nm,然后在 880 ℃下退火 20 h 制备 β-FeSi₂/Si(100)结构电池,测试其伏安特性曲线,发现短路电流很小,在微安数量级上,开路电压为 0.32 V。其短路电流最大为 12 μA 左右。如果先溅射 Fe 膜 90 nm,然后在 880 ℃下退火 20 h,从其光伏特性曲线发现,$U_m = 0.19$ V,$I_m = 6.64$ μA,$I_{sc} = 12$ μA,$V_{oc} = 0.32$ V,其光电转换效率 $\eta = 0.00032\%$,填充因子 $FF = 33\%$。

如果在硅片上先依次溅射 Fe 膜 80~100 nm,然后在 880 ℃下退火 22 h 制备 β-FeSi₂/Si(100)结构电池,从其伏安特性曲线发现,短路电流很小,在微安数量级上,开路电压为 0.3 V。其短路电流最大为 11 μA 左右。如果先溅射 Fe 膜 90 nm,然后在 880 ℃下退火 22 h,从其光伏特性曲线发现,$U_m = 0.177$ V,$I_m = 6.34$ μA,$I_{sc} = 11.2$ μA,$V_{oc} = 0.30$ V,其光电转换效率为 $\eta = 0.00028\%$,填充因子 $FF = 33\%$。对它们的光伏特性曲线进行比较发现,溅 Fe 膜 90 nm 在 880 ℃下退火,退火时间分别为 20 h、22 h 的样品的光伏特性曲线相近;但是,退火时间为 22 h 的样品的光伏特性相对较差;退火时间为 18 h 的样品的光伏特性最差,其短路电流只有 22 h、20 h 样品的一半左右,但是它们的开路电压却几乎相等。综合比较发现,在 880 ℃ 下退火 20 h 制备的薄膜电池光伏特性最好。

采用磁控溅射技术先在硅片表面溅射 Fe 膜 100 nm 并掺 Mn,硅片是 Si(100)、n 型,5 000~7 000 Ω·cm;然后在 880 ℃ 下真空退火 20 h 得到 β-FeSi₂/Si 结构,采用丝网印刷制备欧姆电极。

电池的上表面是 p 型 β-FeSi₂,丝印银铝浆料制备上电极;电池的下表面是 n 型 Si 衬底,丝印铝浆料制备下电极,均经过烘干和烧结,电池结构如图 7-6 所示,从其伏安特性曲线发现,其 V_{oc} = 0.017 V,I_{sc} = 0.054 mA,光电转换效率 η = 0.002%,填充因子 FF = 26%。

图 7-6　β-FeSi₂/Si(100)电池结构(4)

采用磁控溅射技术先在硅片上磁控溅射 Fe 膜 100 nm 并掺 B,硅片是 Si(100)、p 型,5 000~7 000 Ω·cm,然后在 880 ℃ 下真空退火 20 h 得到 β-FeSi₂/Si 结构,在其表面采用丝网印刷制备欧姆电极,电池的上表面是 n 型 β-FeSi₂,丝印银浆料制备上电极;电池的下表面是 p 型 Si 衬底,丝印铝浆料制备下电极,经过烘干、烧结得到 β-FeSi₂/Si 电池,其结构如图 7-7 所示。最后在 25 ℃、100 mW/cm² 的光照条件下测量其伏安特性曲线,从其伏安特性得到 V_{oc} = 0.38 V,I_{sc} = 0.002 8 mA,η = 0.006 6%,FF = 61%,其电流非常微弱。

图 7-7　β-FeSi₂/Si(100)电池结构(5)

7.2　Si/β-FeSi₂/Si 异质结电池

采用磁控溅射技术先在硅片上溅射 Fe 膜 100 nm, 硅片是 Si (111)/(110)、N 型, R>1 000 Ω·cm, 然后在 880 ℃下退火 20 h 得到 β-FeSi₂/Si 结构, 最后在 β-FeSi₂ 表面依次溅射 n 型多晶硅, 厚度从 25 nm 开始逐次增加 25 nm, 直到 300 nm。先在多晶硅膜的表面溅射 Ag 膜 30 nm, 在 650 ℃下真空退火 15 min, 然后在其硅片表面溅射 Al 膜 25 nm, 在 450 ℃下真空退火 20 min, 制备得到 Si/β-FeSi₂/Si 电池结构, 如图 7-8 所示, 最后在 25 ℃、100 mW/cm² 的光照条件下测量其伏安特性曲线。

从测试结果看出, 当溅射 Si 膜 75 nm 时, 其伏安特性较好; 当溅射 Si 膜 50 nm 时, 其开路电压和短路电流变小。随着溅射 Si 膜厚度的增加, 样品的开路电压和短路电流均下降, 几乎是呈线性下降趋势。但是, 当溅射 Si 膜厚度继续增加时, 其开路电压和短路电流又呈上升趋势, 此后, 随着溅射 Si 膜厚度的增加, 样品的开路电压和短路电流均呈下降趋势, 它不是一个线性变化的趋势, 而是有先降低再上升后下降的趋势。但是其短路电流几乎没有变化, 开路电压在增加, 但是增加的幅度不大, 其开路电压为 0.010 4 V, 短路电流为 0.20 mA。

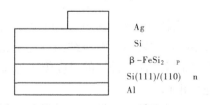

图 7-8　Si/β-FeSi₂/Si(111/110)电池结构

总的来说, 溅射 Si 膜厚度在 50~100 nm 时, 电池可以同时有较大的开路电压和短路电流, 其中以溅射 Si 厚度 75 nm 为最佳。Si 膜厚度为 75 nm 左右, 此时开路电压可以达到 0.08 V, 短路电流为 0.75 mA, 但是, 其光电转换效率非常低, 其伏安特性测试结果为: V_{oc} = 0.081 V,

$I_{sc}=0.75$ mA, $J_{sc}=0.32$ mA/cm^2, $P_{max}=0.015\ 5$ mW, $FF=25.280\ 7\%$, $\eta=0.006\ 6\%$。

综合比较电池的伏安特性测试发现,随着 Si 层厚度的增加,Si/β-FeSi$_2$/Si(111/110)电池的光电转换效率和填充因子变化不明显,这与理论模拟基本相符,随着 Si 层厚度的继续增加,电池的各项参数呈下降趋势。此时 Si 膜的厚度变化范围为 25~300 nm,比较而言,Si 膜厚度为 75 nm 时,Si/β-FeSi$_2$/Si 电池的光电转换效率最佳。

采用磁控溅射技术先在衬底上磁控溅射 Fe 膜 100 nm,衬片是 Si(111),n 型不掺杂,$R>1\ 000\ \Omega\cdot$ cm。然后在 880 ℃真空退火 15 h 得到 β-FeSi$_2$/Si,最后在 β-FeSi$_2$ 表面溅射 n 型多晶硅 50~150 nm,形成 Si/β-FeSi$_2$/Si 结构,在真空中退火 500 ℃1 h。采用丝网印刷制备欧姆电极,电池的上表面是 n 型多晶硅,先在其上表面用丝印银浆料做电极;下表面是 n 型 Si 衬底,在其表面丝印铝浆料做背场,形成 NPN 结构,电池结构如图 7-9 所示,然后在 25 ℃、100 mW/cm^2 的光照条件下测量其伏安特性曲线,从电池的伏安特性曲线发现,电池的最大开路电压为 0.02 V,最大短路电流为 0.206 mA,串联电阻偏大,并联电池偏小;同时也可以发现,随着硅层厚度的增加,总体上讲,开路电压稍有增加,填充因子也在增加,但是,电池的串联电阻和并联电阻也在迅速增加。在 Si/β-FeSi$_2$/Si 电池中,虽然理论上硅膜厚度的变化对光电转换效率变化的影响在 1%以内,但是硅层的厚度似乎有一个最佳值,其值应该小于 100 nm。为比较衬底对电池性能的影响,选用同样参数的硅片制备 Si/β-FeSi$_2$/Si 电池,采用的电池结构也完全相同,其区别在于 Si 衬底是双面抛光的硅片。溅射硅层的厚度依次为 50 nm 和 150 nm,其他的工艺条件完全相同。

溅射硅层为 50 nm 的电池的开路电压是溅射硅层为 150 nm 电池的 2 倍,光电转换效率是后者的 3 倍,两电池的伏安曲线几乎是平行的趋势,溅射硅层为 50 nm 电池的性能明显优于溅射硅层为 150 nm 的电池,这与上述的结论基本一致,即在制备 Si/β-FeSi$_2$/Si 电池时,其受光面的硅层应该小于 100 nm。

比较发现,在 Si/β-FeSi$_2$/Si 结构的电池中,如果溅射的 Si 膜厚度

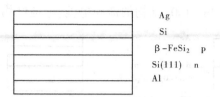

图 7-9 Si/β-FeSi₂/Si(111) 电池结构

相同,则采用双面抛光硅片的电池性能较好,这与双面抛光硅片的质量有关。

采用磁控溅射技术先在 2 cm×2 cm 的低阻 Si 衬底上溅射 Fe 膜 60~120 nm。硅片是 Si(100)、p 型,掺杂剂 B,1~3 Ω·cm。然后在 880 ℃ 下退火 18 h 和 20 h 形成 β-FeSi₂/Si(100) 结构,最后在 β-FeSi₂/Si(100) 的上表面溅射 Si 膜 100 nm,形成 Si/β-FeSi₂/Si(100) 结构,如图 7-10 所示,在真空条件下 500 ℃ 退火 1 h,采用丝网印刷方法制备电极,制备出 Si/β-FeSi₂/Si(100) 结构的电池,在 25 ℃、100 mW/cm² 的光照条件下测量其伏安特性曲线,从其伏安特性发现,Si/β-FeSi₂/Si(100) 电池均没有光伏特性。

图 7-10 Si/β-FeSi₂/Si(100) 电池结构(1)

采用磁控溅射技术在低阻 Si 衬底和高阻 Si 衬底上分别制备 Si/β-FeSi₂/Si(100) 结构的电池。低阻硅片是 Si(100)、p/p⁺(B/B)、(30±2) Ω·cm,高阻硅片是 Si(100)、5 000~7 000 Ω·cm。采用磁控溅射技术先在 2 cm×2 cm 的硅片上溅射 Fe 膜 80~110 nm,然后在 880 ℃ 下退火 20 h,形成 β-FeSi₂/Si(100) 结构。先在 β-FeSi₂ 表面溅射 Si 层各 100 nm,形成 Si/β-FeSi₂/Si(100) 结构,然后在真空中 500 ℃ 退火 1 h。采用丝网印刷方法制备电极(正面丝印银浆,背面丝印铝浆),制

备了 Si/β-FeSi$_2$/Si(100)结构的薄膜电池,电池结构如图 7-11 所示,

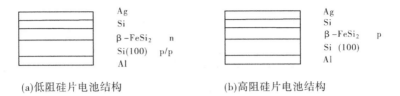

(a)低阻硅片电池结构　　　　(b)高阻硅片电池结构

图 7-11　Si/β-FeSi$_2$/Si(100)**电池结构**(2)

最后在 25 ℃、100 mW/cm^2 的光照条件下测量其伏安特性曲线,发现在低阻 Si 衬底上制备的 Si/β-FeSi$_2$/Si(100)电池没有光伏特性;在高阻 Si 衬底上制备的 Si/β-FeSi$_2$/Si(100)电池有光伏特性,但是其短路电流很小,也在微安数量级上,开路电压为 0.25 V 左右,其短路电流最大为 5 μA 左右,此电池的溅射 Fe 膜为 80 nm,其 U_m=0.12 V, I_m=2.45 μA, I_{sc}=4.75 μA, V_{oc}=0.23 V,其光电转换效率 η=0.000 735%, FF=26.9%。

采用磁控溅射技术在 2 cm×2 cm 的硅片上溅射 Fe 膜 100 nm 并掺 Mn,硅片是 Si(100)、n 型。在 880 ℃下退火 20 h,形成 β-FeSi$_2$/Si(100)结构,然后在 β-FeSi$_2$/Si(100)的上表面溅射 Si 膜 100 nm,形成 Si/β-FeSi$_2$/Si(100)结构,接着在真空 500 ℃退火 1 h,采用丝网印刷技术制备电极形成 Si/β-FeSi$_2$/Si(100)结构电池,电池结构如图 7-12 所示,最后在 25 ℃、100 mW/cm^2 的光照条件下测量其伏安特性曲线,从其伏安特性发现,电池的 V_{oc}=0.175 V, I_{sc}=0.05 mA,其光电转换效率 η=0.001 1%, FF=25%。

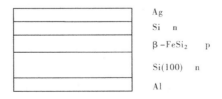

图 7-12　Si/β-FeSi$_2$/Si(100)**电池结构**(3)

采用磁控溅射技术在 2 cm×2 cm 的 Si 衬底上溅射 Fe 膜 100 nm

并掺 B,硅片是 Si(100)、p 型。然后在 880 ℃下退火 20 h,形成 β-FeSi₂/Si(100) 结构,然后在 β-FeSi₂/Si(100) 的上表面溅射 Si 膜 100 nm,形成 Si/β-FeSi₂/Si(100)结构,接着在真空 500 ℃退火 1 h,采用丝网印刷方法制备电极形成 Si/β-FeSi₂/Si(100)结构电池,电池结构如图 7-13 所示,最后在 25 ℃,100 mW/cm² 的光照条件下测量其伏安特性曲线,从其伏安特性曲线可以发现,电池的 $V_{oc} = 0.40$ V, $I_{sc} = 0.0031$ mA, $\eta = 0.0076\%$, $FF = 61\%$。

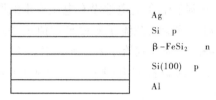

Ag
Si   p
β-FeSi₂   n
Si(100)   p
Al

图 7-13 Si/β-FeSi₂/Si(100) 电池结构(4)

从制备电池的性能参数测量结果可以看出,电池的光电转换效率没有达到设计要求。采用磁控溅射制备的 β-FeSi₂/Si(111/110) 电池,没有光伏特性;采用磁控溅射制备的 Si/β-FeSi₂/Si(111/110) 电池,开路电压达到 0.08 V,短路电流为 0.75 mA,但是,其光电转换效率非常低,此时电池的 β-FeSi₂ 厚度为 270 nm 左右,Si 膜厚度为 75 nm 左右,与理论模拟的结果基本相符。它们的制备工艺条件基本相同,但是其性能参数差别很大的原因是多方面的。

采用磁控溅射制备电极,其光电转换效率低的原因除了同薄膜质量有关,还同电极的制备方式有关。采用磁控溅射技术是用普通的遮挡方法来溅射上电极材料 Ag,这样上电极的图形形状不能有效确定,电极图形简单,导致电流的收集效率低。

(1)从材料制备上看,半导体材料 β-FeSi₂ 的 XRD 图显示有杂质 SiO₂ 存在,薄膜的质量不高,存在许多复合中心,不利于光电流的产生。

(2)硅片的少数载流子寿命平均值小并且偏差大。对在低阻硅片上制备的 β-FeSi₂、低阻 Si 衬底和高阻 Si 衬底的少数载流子寿命的测试数据发现,低阻 Si 衬底 Si(100)中的少数载流子寿命平均值较小,为

20.648 μs,但是其偏差却很大,达到 132.69 μs,反映了 Si 衬底的质量不高,这是用低阻硅制备的电池没有电流输出的原因之一。

高阻 Si 衬底 Si(100)中的少数载流子寿命平均值较长,为 23.428 μs,但是其偏差却很小,达到 29.294 μs,反映了 Si 衬底的质量较好,这是用高阻硅制备的电池中有光电流输出的原因之一。β-FeSi₂/Si(100)中的少数载流子寿命平均值较长,为 23.858 μs,但是其偏差很大,达到 110.06 μs,反映了薄膜的质量不高,薄膜的质量同衬底有关,这也是使用低阻 Si 衬底制备的电池没有电流输出的原因之一。

(3)低阻 Si 衬底的少数载流子寿命平均值短并且偏差也大,在其表面生成的 β-FeSi₂ 的少数载流子寿命平均值虽然大,但是少数载流子寿命偏差也大,导致制备的 β-FeSi₂/Si(100)电池没有光生电流输出。

高阻 Si 衬底的少数载流子寿命平均值较长并且偏差小,导致制备的 β-FeSi₂/Si(100)电池有光生电流输出,虽然电流微弱,但是开路电压达到了 0.3 V。

对于 β-FeSi₂/Si 电池,有两种情况:

(1)少数载流子寿命平均值小于 1 μs,其偏差在 13% ~ 30%,少数载流子寿命值太小,表明 β-FeSi₂/Si 电池中光生载流子极易复合,不可能输出光生载流子,也就不可能输出电流。

(2)少数载流子寿命平均值在 3 ~ 8 μs,其偏差在 140% ~ 170%,少数载流子寿命值虽然有较大提高,但是其偏差太大,表明 β-FeSi₂/Si 电池中薄膜的质量不高,存在许多复合中心和缺陷,载流子极易复合,不能在电场中漂移,也不能达到电极,不可能输出光生载流子,也就不可能输出电流。

对于 Si/β-FeSi₂/Si 电池,有两种情况:

(1)少数载流子寿命平均值小于 1 μs,其偏差在 14% ~ 90%,少数载流子寿命值太小,其偏差也大,变化幅度也很大。

(2)少数载流子寿命平均值在 1.4 ~ 5.3 μs,但是其偏差在 165% ~ 246%,少数载流子寿命值虽然有较大提高,但是其偏差太大。

这两种情形都会导致 Si/β-FeSi₂/Si 电池中光生载流子的迅速复

合,不可能输出光生载流子,也就不可能输出电流。

(3)对于高阻硅片,硅片的电阻率为 5 000~7 000 $\Omega \cdot cm$,导致电池的串联电阻和并联电阻过高,其输出电压和电流的能力非常弱。从霍尔效应测量数据可以看出,β-FeSi₂ 的电阻率为 1 500~2 500 $\Omega \cdot cm$,方块电阻为 2 500~5 000 $\Omega \cdot cm/\square$,这也是在高阻硅片上制备的 β-FeSi₂ 薄膜电池光伏特性差的原因之一。

(4)β-FeSi₂ 薄膜越厚,颗粒越大,其对光线的吸收影响很大。当溅射 Fe 膜厚度和退火温度相同时,不同的退火时间制备的 β-FeSi₂ 其反射率差异很大,反射率最低为 53%,反射率最高为 96%,总的变化趋势是随着波长的增加,反射率在下降,而透射率几乎有相同的变化规律,其数值主要集中在 5% 以内发生变化,在 630~660 nm,其数值达到了 9%,导致 β-FeSi₂ 薄膜电池对光线的吸收率最高为 62%,这也是电池中电流微弱的原因之一。

薄膜的透射率与其厚度值的关系不明显,变化幅度不大,因此 β-FeSi₂ 薄膜对光线的吸收效果同 β-FeSi₂ 薄膜厚度的关系非常密切,这也表明,制备薄膜电池时,薄膜的厚度不能过高。从退火时间进行分析发现,当溅射 Fe 膜厚度相同时,退火时间不同导致 β-FeSi₂ 的厚度也不同,β-FeSi₂ 的颗粒大小也不同,退火时间越长,颗粒也越大,其对光线的反射能力也越强。也就是在制备电池时,如果薄膜厚度较大,则导致其吸收的太阳光较少,因此电池的输出电流非常微弱。

(5)有文献认为,当光从 β-FeSi₂ 面入射并改变 Si 衬底的电阻率时,发现衬底电阻率为 6 $\Omega \cdot cm$ 时,电池的光伏性能要优于衬底电阻率为 200 $\Omega \cdot cm$ 的器件。因此,在制备 β-FeSi₂ 薄膜电池时,硅 Si 衬底的电阻率选择在 6 $\Omega \cdot cm$ 左右较好。而实验中所用的 Si 衬底的电阻率远远高于此数值,这也是电池效率非常低的原因之一。

(6)在理论模拟中发现,Si/β-FeSi₂/Si 电池中硅膜的厚度为 20~300 nm 时,其对光电转换效率的影响不超过 1%,在实验中,溅射 Si 层的厚度为 100 nm。制备的电池光电转换效率低,测试了样品的反射率、透射率,如图 7-14、图 7-15 所示。

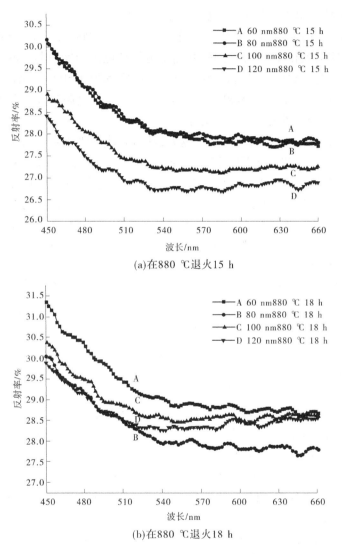

(a)在880 ℃退火15 h

(b)在880 ℃退火18 h

图 7-14　在低阻 Si 衬底上制备的 β-FeSi₂/Si(100)电池的反射率

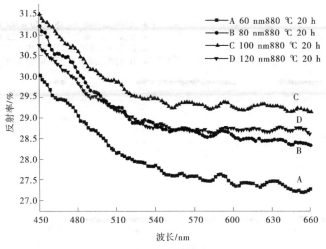

(c)在880 ℃退火20 h

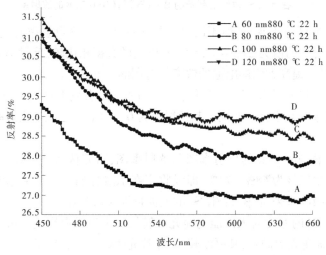

(d)在880 ℃退火22 h

续图 7-14

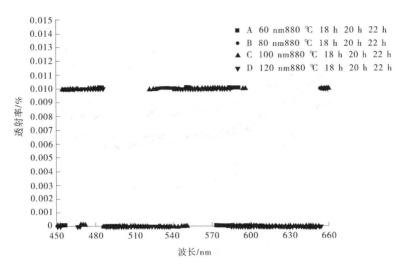

图 7-15　在低阻 Si 衬底上制备的 β-FeSi₂/Si(100) 电池的透射率

从图 7-14 中发现,虽然不同厚度的 β-FeSi₂/Si 其反射率有差异,但是其反射率的值为 27%~31.5%,同以前的数据相比较,反射率明显下降,这对于提高太阳能电池的效率是有利的。

从图 7-15 中也发现,不同厚度的 β-FeSi₂/Si,分别退火 18 h、20 h、22 h 透射率图几乎完全相同。其透射率为 0~0.01%,也就是透射率近似为 0。

综合 β-FeSi₂/Si 的反射率图和透射率图,研究认为,电池对太阳光的吸收率应该为 68%~73%,即吸收率在 70% 左右。单纯从电池对太阳光的吸收率来讲,β-FeSi₂/Si 的电池特性应该较好。

(7)硅片的厚度对太阳能电池光电转换效率有重要影响。由于 Si 衬底是单面抛光的硅片,其厚度较厚,导致光生载流子在输运过程中消失,不能到达电池的上下表面,也就不能被收集,特别是低阻的 Si 衬底,其厚度达到 (525±15) μm,采用低阻的 Si 衬底制备的电池没有光伏特性;相对而言,高阻的 Si 衬底其厚度较小,为 (390±15) μm,比低阻 Si 衬底的电阻降低了 25%,实验结果表明,采用高阻的 Si 衬底制备的电池有光伏特性,虽然微弱,其光电转换效率小于 0.1%,此值与理论模拟结果相符,其填充因子为25%左右;而采用低阻的Si衬底制备的电池没有光伏特性,这与其厚度值更大有关。采用200 μm的Si衬底制备的电池,其伏安特性有明显提高,其填充因子达到了61%。在β-FeSi₂/Si和Si/β-FeSi₂/Si电池中掺Mn或B,其电池的伏安特性有明显改善。

(8)实验中对薄膜样品进行反射率和透射率测量后,依据式(7-10)和式(7-11)计算了β-FeSi₂/Si的吸收系数。它是先在Si衬底上溅射Fe膜100 nm,然后在880 ℃下退火20 h制备的样品。计算结果如图7-16所示:

$$J_x = J_0(1 - R)e^{-ax} \tag{7-10}$$

式中,J_x为透射光强;J_0为入射光强;R为样品对入射光的反射率;a为样品的光吸收系数;x为光子穿透深度。

对式(7-10)进行变换,可以得出β-FeSi₂/Si的吸收系数计算公式为:

$$a = \frac{\ln\dfrac{1-R}{T}}{d} \tag{7-11}$$

式中,R和T分别为光的透射率和光的反射率;d为膜厚。

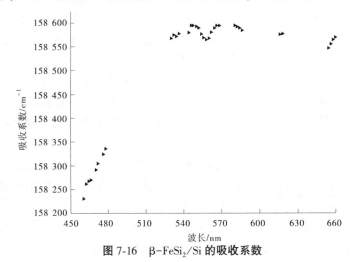

图7-16　β-FeSi₂/Si的吸收系数

从图 7-16 中看出,β-FeSi₂/Si 的吸收系数非常高,大于 1.58×10^5 cm^{-1},与理论研究的结果基本相符。

在不同的 Si 衬底上制备了 β-FeSi₂/Si 和 Si/β-FeSi₂/Si 结构电池,测试了电池的伏安特性,并进行了比较分析。电池的性能测试结果与理论模拟结果基本相符。分析了在电池的制备中,半导体薄膜的光学特性和电学特性对电池的伏安特性的重要影响,其反射率的降低有利于电池对太阳光的吸收和电池光电转换效率的提高。Si/β-FeSi₂/Si 电池中硅膜的厚度为 20~300 nm 时,其对光电转换效率的影响很小。Si 衬底的厚度对电池的效率有很大的影响,当 Si 衬底厚度为 200 μm 或 500 μm 时,电池的光电转换效率小于 0.1%,这与理论模拟的结论相符。同时也发现,宜采用高阻 Si 衬底制备 β-FeSi₂ 薄膜电池。

本书采用磁控溅射技术对 β-FeSi₂ 薄膜制备工艺及薄膜电池制备进行了研究;采用 AMPS-1D 软件模拟了 β-FeSi₂ 薄膜太阳能电池的伏安特性,发现:

(1)制备 β-FeSi₂ 薄膜的最佳退火温度是 880 ℃。当溅射 Fe 膜厚度为 80~130 nm 时,在 880 ℃ 15~22 h 条件下退火均可以制备出 β-FeSi₂ 材料。制备的 β-FeSi₂ 具有高度的(202)/(220)的择优取向。

880 ℃ 18 h 和 880 ℃ 22 h 制备的 β-FeSi₂ 有较好的半导体性质。880 ℃ 20 h 条件下制备的 β-FeSi₂ 有很高的霍尔迁移率。制备的 β-FeSi₂ 是直接带隙半导体,其带隙值是 0.8 eV。

(2)磁控溅射制备的 β-FeSi₂/Si 异质结的霍尔系数为正值,属于 p 型导电。磁控溅射制备的 Si/β-FeSi₂/Si 双异质结的霍尔系数为负值,属于 n 型导电。β-FeSi₂ 薄膜厚度的增加会导致异质结光吸收率的下降。

(3)对于 β-FeSi₂/Si 薄膜电池,当 Si 衬底厚度为 1 μm 时,β-FeSi₂ 薄膜电池的效率可以达到 10% 以上。随着 Si 衬底厚度的增加,电池的光电转换效率在下降。在相同的 Si 衬底厚度和半导体材料掺杂浓度下,β-FeSi₂ 薄膜厚度的增加有利于光电转换效率的增加,但是增加的幅度在下降。当半导体材料掺杂浓度相同、Si 衬底较薄时,才能获得较高的光电转换效率,电池的 Si 衬底厚度不同其对应的 β-FeSi₂ 薄膜最佳厚度也不相同。对于 Si/β-FeSi$_2$/Si 薄膜电池模拟发现,掺杂浓度对光电转换效率几乎没有影响,其理论光电转换效率可以达到24.7%,当硅膜的厚度为 20~200 μm 时,其对电池光电转换效率的影响很小,影响程度小于1%。模拟表明,制备 β-FeSi$_2$ 薄膜电池时,吸收层 β-FeSi$_2$ 的最佳厚度值为 300 nm。为了获得 90% 的太阳光吸收率,最佳的 β-FeSi$_2$ 吸收层厚度是 200~250 nm。

(4)通过实验得到了利用磁控溅射制备 Ag 上电极和 Al 下电极的适宜退火条件分别是 650 ℃ 15 min 和 450 ℃ 20 min。通过实验证实,在 Si/β-FeSi$_2$/Si 电池中,硅膜的厚度为 25~300 nm 时,其对光电转换效率的影响很小,考虑热处理过程的影响,通常溅射硅膜厚度为100 nm。

(5)制备高质量的 β-FeSi$_2$ 薄膜还需要从工艺方面进行更多的探索,对材料性质还需要进一步从理论上进行更多的研究,对电池结构还需要从理论上和实验上进行更多的研究,这是一个艰难的过程。

参 考 文 献

[1] Yunosuke Makita. Kankyo semiconductors- Why? and How? ［C］//Proceeding of Japan-UK joint Workshop on Kankyo-Semiconductors. Tsukuba International Congress Center, August 3-4, 2000:29.

[2] 陈茜. 新型环境友好半导体材料 Mg₂Si 的电子结构及其性质研究［D］. 贵阳: 贵州大学, 2010.

[3] Borisenko V E. Semi-conducting silicides, sprnger series in materials science［M］. New York: Springer-Verlag, 2000.

[4] 康双双. 磁控溅射制备 β-FeSi₂ 薄膜基 LED 器件［D］. 贵阳: 贵州大学, 2014.

[5] Girlanda R, Piparo E, Balzarotti A. Band structure and electronic properties of FeSi and α-FeSi₂［J］. J. Appl. Phys. , 1994, 76: 2837-2840.

[6] Zhang F X, Saxena S. Phase stability and thermal expansion property of FeSi₂［J］. Scripta Materialia,2006, 54: 1375-1377.

[7] Jiang J X, Sasakawa T, Matsugi K, et al. Thermoelectric properties of β-FeSi₂ with Si dispersoids formed by decomposition of α-Fe₂Si₅ based alloys［J］. Journal of Alloys and Compounds,2005, 391: 115-122.

[8] Jiang J X, Matsugi K, Sasaki G, et al. Conduction type evolution during eutectoid decomposition of Mn-added α-Fe₂Si₅ alloy［J］. Scripta Materialia, 2005, 53: 707-711.

[9] 张晋敏. 新型环境半导体材料 β-FeSi₂ 的制备及光电性质研究［D］. 贵阳:贵州大学, 2008.

[10] Kafader U, Pirri C, Wetzel P,et al. Epitaxial cubic iron silicide formation on Si (111) ［J］. Appl. Surf. Sci. 1993,64: 297-306.

[11] Lieb K P, Zhang K,Milinovic V, et al. On the structure and magnetism of Ni/Si and Fe/Si bilayers irradiated with 350-MeV Au ions［J］. Nucl. Instr. and Meth. in Phys. Res. B, 2006, 245: 121-125.

[12] Rauhala E,Barradas N P, Fazinic M,et al. Status of ion beam data analysis and simulation software［J］. Nucl. Instr. and Meth. in Phys. Res. B, 2006, 244: 436-456.

[13] Radermacher K,Mantl S,Dieker Ch,et al. Growth kinetics of iron silicides fabria-

ted by solid phase epitaxy or ion beam synthesis[J]. Thin Solid Films, 1992, 215: 76-83.

[14] Bost M C, Mahan J E. Optical properties of semiconducting iron disilicide thin films[J]. J. Appl. Phys., 1985, 58(7): 2696-2703.

[15] Jun-ichi Tani, Hiroyasu Kido. First principle calculation of the geometrical and electronic structure of impurity-doped β-FeSi$_2$ semiconductors[J]. Journal of Solid State Chemistry, 2002, 163: 248-252.

[16] Shin-ichiro Kondo, Masayuki Hasaka. Molecular orbital calculations on iron disilicide β-FeSi$_2$[J]. Jpn. J. Appl. Phys, 1993, 32(5A): 2010-2013.

[17] Filonov A B, Migas D B, Shaposhnikov V L, et al. Electronic and related properties of crystalline semiconducting iron disilicide[J]. J. Appl. Phys., 1996, 79 (10): 7708-7712.

[18] 潘志军, 张澜庭, 吴建生. 掺杂半导体 β-FeSi$_2$ 电子结构及几何结构第一性原理研究[J]. 物理学报, 2005, 54(11): 5308-5313.

[19] 闫万珺, 谢泉, 张晋敏, 等. 铁硅化合物 β-FeSi$_2$ 带间光学跃迁的理论研究[J]. 半导体学报, 2007, 28(9): 1381-1387.

[20] Lange H. Electronic structure and interband optical properties of β-FeSi$_2$[J]. Thin Solid Films, 2001, 381: 171-175.

[21] Christensen N E. Electronic structure of β-FeSi$_2$[J]. Phys. Rev. B, 1990, 42 (11): 7148-7153.

[22] Leo Miglio, Valeria Meregalli. Theory of FeSi$_2$ direct gap semiconductor on Si (100)[J]. J. Vac. Sci. Technol. B., 1998, 16(3): 1604-1609.

[23] Tassis D H, Dimitriadis C A, Valassiades O. The meyer-neldel rule in the conductivity of polycrystalline semiconducting FeSi$_2$ films[J]. J. Appl. Phys. 1998, 84: 2960-2963.

[24] Eppenga R. Ab initio band-structure calculation of the semiconductor β-FeSi$_2$ [J]. J Appl. Phys., 1990, 68(6): 3027-3029.

[25] Ken-ichiro Takakura, Takashi Suemasu, Noriyoshi Hiroi, et al. Improvement of the electrical properties of β-FeSi$_2$ Films on Si(001) by high temperature annealing[J]. Jpn. J. Appl. Phys., 2000, 39: 233-236.

[26] Lourenco M A, Butler T M, Kewell A K, et al. Electrical, electronic and optical characterisation of ion beam synthesised β-FeSi$_2$ light emitting devices[J]. Nucl. Instr. and Meth. In Phys. Res. B, 2001, 175-177: 159-163.

[27] Lefki K, Muret P, Cherief N, et al. Optical and electrical characterization of β-FeSi₂ epitaxial thin films on silicon substrates[J]. J. Appl. Phys. 1991, 69 (1): 352-358.

[28] 方容川. 固体光谱学[M]. 合肥: 中国科学技术大学出版社, 2003.

[29] Dimittiadis C A, Werner J H, Logothetidis S, et al. Electronic properties of semiconducting FeSi₂ films[J]. J. Appl. Phys., 1990, 68(4): 1726-1734.

[30] Bost M C, Mahan J E. A clarification of the index of refraction of beta-iron disilicide[J]. J. Appl. Phys, 1998, 64(4): 2034-2037.

[31] Yamaguchi K, Mizushima K. Luminescent FeSi₂ crystal structures induced by heteroepitaxial stress on Si(111)[J]. Phys. Rev. Lett., 2001, 86(26): 6006-6009.

[32] Yamaguchi K, Udono H. Novel photosensitive materials for hydrogen generation through photovoltaic electricity[J]. Int. J. Hydrogen Energy, 2007, 32(14): 2726-2729.

[33] Oostra D, Bulle Lieuwma C, Vandenhoudt D, et al. β-FeSi₂ in (111) Si and in (001) Si formed by ion-beam synthesis[J]. Journal of Applied Physics, 1993, 74(7): 4347-4353.

[34] Makita Y, Ootsuka T, Fukuzawa Y, et al. β-FeSi₂ as a Kankyo (Environmentally Friendly) semiconductor for solar cells in the space application[J]. Proc. of SPIE, Photonics for Solar Energy Systems, 2006, 6197: 619700.

[35] Makita Y, Nakayama Y, Fukuzawa Y, et al. Important research targets to be explored for β-FeSi₂ device making[J]. Thin Solid Films, 2004, 461(1): 202-208.

[36] Liu Z X, Osamura M, Ootsuka T, et al. Doping of β-FeSi₂ films with boron and arsenic by sputtering and its application for optoelectronic devices[J]. Opt. Mater., 2005, 27(5): 942-947.

[37] Kuroda R, Liu Z X, Fukuzawa Y, et al. Studies of Ga diffusion and the elimination of pinholes in Ga-doped β-FeSi₂ films prepared by MBE[J]. Opt. Mater., 2005, 27(5): 929-934.

[38] Milosavljevic M, Dhar S, Schaaf P, et al. Direct synthesis of β-FeSi₂ by ion beam mixing of Fe/Si bilayers[J]. Applied Physics A: Materials Science & Processing, 2000, 71(1): 43-45.

[39] Terukov E, Kon Kov O, Kudoyarova V K, et al. The formation of β-FeSi₂ pre-

cipitates in microcrystalline Si[J]. Semiconductors, 2002, 36(11): 1235-1239.

[40] Dhar S, Schaaf P, Lieb K, et al. ,Ion beam mixing in Fe/Si and Ta/Si bilayers: Possible effects of ion charges[J]. Nuclear Instruments and Methods in Physics Research Section B: Beam Interactions with Materials and Atoms, 2003, 205: 741-745.

[41] 张晋敏, 谢泉, 梁艳, 等. Fe/Si 薄膜中硅化物的形成和氧化[J]. 材料研究学报, 2008, 22(3): 297-302.

[42] 梁艳, 谢泉, 曾武贤, 等. 退火温度对磁控溅射制备的 β-FeSi$_2$ 薄膜的影响[J]. 功能材料, 2008, 38(A01): 373-375.

[43] 曾武贤, 谢泉, 梁艳, 等. 不同溅射气压对 β-FeSi$_2$ 形成的影响[J]. 功能材料, 2008, 38(A01): 367-369.

[44] 侯国付, 郁操, 赵颖, 等. 直流磁控溅射法制备单一相高质量 β-FeSi$_2$ 薄膜[J]. 太阳能学报,2009, 30(7): 861-865.

[45] Myers S M, Seibt M, Schroeter W. Mechanisms of transition metal gettering in silicon[J]. J. Appl. Phys. , 2000, 88: 3795.

[46] 张晋敏,谢泉,梁艳,等,溅射参数对 Fe-Si 化合物的形成及其结构的影响[J]. 四川师范大学学报,2008,31(5):593-596.

[47] 张晋敏,谢泉,余平,等. 激光扫描磁控溅射 Fe/Si 膜直接形成 α-FeSi$_2$[J]. 功能材料,2008, 39(7): 1087-1090.

[48] Arushanov E, Kloc Ch, Hohl H,et al. The Hall effect in β-FeSi$_2$ single crystals [J]. J. Appl. Phys. ,1994, 75: 5106-5110.

[49] Kloc Ch, Arushanov E, Wendl M,et al. Preparation and properties of FeSi, α-FeSi$_2$ and β-FeSi$_2$ single crystals[J]. Journal of Alloys and Compounds, 1995, 219: 93-96.

[50] Behra G, Ivanenkob U L, Vinzelberga H,et al. Single crystal growth of non-stoichiometric β-FeSi$_2$ by chemical transport reaction[J]. Thin Solid Films, 2001, 381: 276-281.

[51] Haruhiko Udono, Kazutaka Matsumura, Osugi Isao J,et al. Solution growth of n-type β-FeSi$_2$ single crystals using Sn solven[J]. Journal of Crystal Growth, 2005, 275: 1967-1974.

[52] Haruhiko Udono, Yuta Aoki, Isao Kikuma,et al. Solution growth of high quality P-Type β-FeSi$_2$ single crystals using Zn-solvent[J]. Journal of Crystal Growth, 2005, 275: 2003-2007.

[53] Haruhiko Udono, Yuta Aoki, Hirokazu Suzuki, et al. Solution growth of n-type β-FeSi₂ single crystals using Ni-doped Zn solvent[J]. Journal of Crystal Growth, 2006, 292:290-293.

[54] Wang J F, Saitou S, Ji S Y,et al. Growth conditions of β-FeSi₂ single crystals by chemical vapor transport[J]. Journal of Crystal Growth, 2006, 295: 129-132.

[55] Dhar S, Schaaf P, Bibic N,et al. Ion-beam mixing in Fe/Si bilayers by singly and highly charged ions: evolution of phases, spike mechanism and possible effects of the ion-charge state[J]. Appl. Phys. A, 2003,76: 773-780.

[56] Mahan John E, Gelb Kent M,Robinson G Y, et al. Menachem nathan, epitaxial films of semiconducting FeSi₂ on (001) silicon[J]. Appl. Phys. Lett. , 1990, 56(21): 2126-2128.

[57] Schöpke A, Selle B, Sieber I,et al. Characterization of the stoichiometry of coe-vaporated FeSix films by AES, EDX, RBS, and electron microscopy[J]. Fresenius, J Anal Chem. , 1997, 358: 322-325.

[58] Zhengxin Liu, Masato Osamura, Teruhisa Ootsuka, et al. Formation of β-FeSi₂ thin films on non-silicon substrates[J]. Thin Solid Films, 2006, 515: 1532-1538.

[59] Peale D R, Haight R, Lehoues F K. Strain reaxation in ultrathin epitaxial films of β-FeSi₂ on unstrained and strained Si(100) surfaces[J]. Thin Solid Films, 1995, 264: 28-39.

[60] Milosavljevic M, Dhar S, Schaaf P,et al. Synthesizing Single-phase β-FeSi₂ Via Ion Beam Irradiations of Fe/Si Bilayers[J]. Nuclear Instruments and Methods in Physics Research B, 2001, 178: 229-232.

[61] Yoshitake T, Hanada T. Low temperature growth of β-FeSi₂ films on Si(111) by RF magnetron sputtering using a FeSi₂ alloy target[J]. Journal of Materials Science Letters, 2000, 19: 537- 538.

[62] Yoshitake T. Low temperature synthesis of β-FeSi₂ thin films by pulsed laser deposition [J]. Journal of Materials Science Letters, 1999, 18: 1755-1756.

[63] Kakemoto H,Higuchi T, Shibata H, et al. Structural and transport properties of β-FeSi₂[100] oriented thin film on Si(001) substrate[J]. Journal of Crystal Growth, 2007, 301-302: 400-403.

[64] Muneyuki Naito, Akihiko Hirata, Manabu Ishimaru. Post-annealing recrystallization and damage recovery process in Fe ion implanted Si[J]. Nuclear Instruments

and Methods in Physics Research B, 2007, 257: 340-343.

[65] Omae K, Bae I T, Naito M, et al. Structural evolution in Fe ion implanted Si upon thermal annealing[J]. Nucl. Instr. and Meth. in Phys. Res. B, 2006, 250: 300-302.

[66] Datt A, Kal S, Basu S, et al. Characterization of laser and laser/thermal annealed semiconducting iron silicide thin films[J]. Journal of Materials Science: Materials in Electronics, 1999, 10: 627-631.

[67] Steffen Wagner, Ettore Carpene, Peter Schaaf, et al. Formation of β−FeSi₂ by excimer laser irradiation of ⁵⁷Fe/Si bilayers[J]. Appl. Sur. Sci. 2002, 186: 156-161.

[68] Yang Z, Homewood K P. Effect of annealing temperature on optical and structural properties of ion-beam-synthesized semiconducting FeSi₂ layers[J]. J. Appl. Phys., 1996, 79(8): 4312-4318.

[69] Gerthsen D, Radmacher K, Dieker Ch, et al. Structural properties of ion- beam-synthesized β−FeSi₂ in Si(111) [J]. J. Appl. Phys., 1992, 71 (8): 3788-3795.

[70] Bayazitov R M, Batalov R I, Terukov E I, et al. X-ray and luminescent analysis of finely dispersed β−FeSi₂ films Formed in Si by pulsed ion-beam treatment[J]. Physics of the Solid State, 2001, 43: 1633-1636.

[71] Senthilarasu S, Sathyamoorthy R, Lalitha S, et al. Structural properties of swift heavy ion beam irradiated Fe/Si bilayers[J]. Thin Solid Films, 2005, 490: 177-181.

[72] Muroga M, Suzuki H, Udono H, et al. Growth of β−FeSi₂ thin films on β−FeSi₂ (110) substrates by molecular beam epitaxy[J]. Thin Solid Films, 2007, 515 (22): 8197-8200.

[73] Yukiko Okuda, Noritaka Momose, Masashi Takahashi, et al. β−FeSi₂ continuous films prepared on corning 7059 glass by RF-magnetron sputtering[J]. Japanese Journal of Applied Physics, 2005, 44: 6505-6507.

[74] Kensuke Akiyama, Yasuo Hirabayashi, Satoru Kaneko, et al. Effect of template layer on formation of flat-surface β−FeSi₂ epitaxial films on (111) Si by metalorganic chemical vapor deposition[J]. Journal of Crystal Growth, 2006, 289: 37-43.

[75] Shucheng Chu, Toru Hirohada, Masakazu Kuwabara, et al. Time-resolved 1. 5

μm-band photoluminescence of highly oriented β-FeSi$_2$ films prepared by magne-tron-sputtering deposition[J]. Japanese Journal of Applied Physics, 2004, 43: 127-129.

[76] Kensuke Akiyama, Satoru Kaneko, Yasuo Hirabayashi, et al. Horizontal growth of epitaxial (100) β-FeSi$_2$ templates by metal-organic chemical vapor deposition [J]. Journal of Crystal Growth, 2006, 287:694-697.

[77] Shimura K, Yamaguchi K, Sasase M, et al. Modification of thin SIMOX film into β-FeSi$_2$ via dry processes[J]. Nuclear Instruments and Methods in Physics Research B, 2006, 242: 676-678.

[78] Takeru Saito, Hiroyuki Yamamoto, Hidehito Asaoka, et al. Fabrication of β-FeSi$_2$ thin film on Si (111) surface by solid phase epitaxy (SPE) analyzed by means of synchrotron radiation XPS (SR-XPS) [J]. Analytical Sciences, 2001, 17: 1073-1076.

[79] Miquita D R, Paniago R, Rodrigues W N, et al. Growth of β-FeSi$_2$ layers on Si (111) by solid phase and reactive deposition epitaxies[J]. Thin Solid Films, 2005, 493: 30-34.

[80] Daraktchieva V, Baleva M, Goranova E, et al. Ion beam synthesis of β-FeSi$_2$ [J]. Vacuum, 2000, 58: 415-419.

[81] Cheng Li, Hongkai Lai, Songyan Chen, et al. Improvement of luminescence from β-FeSi$_2$ particles embedded in silicon with high temperature silicon buffer layer [J]. Journal of Crystal Growth, 2006, 290: 176-179.

[82] Cherief N, Anterroches C D, Cinti R C, et al. Semiconducting silicide-silicon heterojunction elaboration by solid phase epitaxy[J]. Appl. Phys. Lett., 1989, 55(16): 1671-1674.

[83] Kensuke Akiyama, Satoru Kaneko, Yasuo Hirabayashi, et al. Photoluminescence properties of Si/β-FeSi$_2$/Si double heterostructure[J]. Thin Solid Films, 2006, 508:380-384.

[84] Michael Düscher, Günter Oertel, Gerd-Uwe Reinsperger, et al. Combination of RBS analysis and infrared vibrational spectroscopy for the characterization of semi-conducting β-FeSi$_2$ Films[J]. Mikrochim. Acta, 1997, 125: 257-261.

[85] Ryo Kuroda, Zhengxin Liu, Yasuhiro Fukuzawa, et al. Formation of thin β-FeSi$_2$ template layer for the epitaxial growth of thick film on Si (111) substrate[J]. Thin Solid Films, 2004, 461: 34-39.

[86] Jia S Y, Lalevb G M, Wanga J F, et al. High quality β-FeSi$_2$ epitaxial film grown on hydrogen terminated Si (111) by molecular beam epitaxy[J]. Materials Letters, 2005,59: 2370-2373.

[87] Akira Yamamoto, Shinichi Tanaka, Daisuke Matsubayashi, et al. Morphological modification of β-FeSi$_2$ on Si(111) by high temperature growth and post-thermal annealing[J]. Thin Solid Films, 2004, 461: 28-33.

[88] Vouroutzis N, Zorba T T, Dimitriadis C A,et al. Thickness dependent structure of β-FeSi$_2$ grown on, silicon by solid phase epitaxy[J]. Journal of Alloys and Compounds, 2005, 393: 167-170.

[89] Samsonov G V, Vinitskii I M. Handbook of Refractory Compounds[M]. New York:IFI/Plenum, 1980.

[90] Townsend P, Olivares J. Laser processing of insulator surfaces[J]. Applied Surface Science, 1997, 109/110: 275-282.

[91] Otogawa N,Wang S,Kihara S,et al. Semiconductor-metal phase transition of iron disilicide by laser annealing and its application to form device electrodes[J]. Thin Solid Films, 2004, 461: 223-226.

[92] Borisenko V E, Hesketh P J. Solid state rapid thermal processing of semiconductors[M]. New York: Plenum, 1997.

[93] Gas P. Silicides thin films formed by metal-silicon reaction: Role of diffusion [J]. Mater. Sci. Forum, 1994, 155/156: 39-54.

[94] Katsumata H, Makahasshi Y, Shibata H,et al. Optical, electrical and structural properties of polycrystalline β-FeSi$_2$ thin films fabricated by electron beam evaporation of ferrosilicon [J]. 15th International Conference on Thermoelectrics, 1996: 479-483.

[95] 罗胜耘,谢泉,张晋敏,等. 热处理对环境半导体材料 β-FeSi$_2$ 形成的影响 [J]. 贵州大学学报(自然科学版),2006,23(1):81-84.

[96] Istratov A A, Hieslmair H, Weber E R, et al. Iron and its complexes in silicon [J]. Appl Phys A, 1999, 69: 13.

[97] Zhao Jianhua, Wang Aihua, Campbell P, et al. A 19. 8% efficient honeycomb multicrystalline silicon solar cell with improved light trapping[J]. IEEE Trans Electron Devices, 1999, 46:1979.

[98] 席珍强,杨德仁,陈君,等. 晶体硅中的铁沉淀规律[J]. 半导体学报, 2007, 24(11): 1166-1170.

[99] Yoshitake T, Nagamoto T, Nagayama K. Low temperature growth of β-FeSi₂ thin films on Si(100) by pulsed laser deposition[J]. Materials Science and Engineering B, 2000, 72(2-3): 124-127.

[100] Dimitriadis C A, Werner J H. Growth mechanism and morphology of semiconducting FeSi₂ films[J]. Journal of Applied Physics, 1990, 68(1): 93-96.

[101] Behr G, Ivanenko L, Vinzelberg H, et al. Single crystal growth of non-stoichiometric β-FeSi₂ by chemical transport reaction[J]. Thin Solid Films, 2001, 381(2): 276-281.

[102] 高晓波. 热蒸发制备 β-FeSi₂ 薄膜[D]. 贵阳: 贵州大学, 2013.

[103] 李慧, 马辉, 丁维清, 等. Si(111)衬底上 IBE 法外延生 β-FeSi₂薄膜的研究[J]. 半导体学报, 1997, 18(4): 264-268.

[104] 吴正龙, 杨锡震, 秦复光. 离子束外延 β-FeSi₂/Si 薄膜的电子能谱研究和表征[J]. 北京师范大学学报, 1998, 34(2): 206-211.

[105] Leong D, Harry M, Reeson K J,et al. A silicon/iron-disilicide light emimng diode operating at a wavelength of 1. 5μm[J]. Nature (London), 1997, 387(12): 686-688.

[106] Li C, Suemasu T, Hasegawa F. Room temperature electroluminescence of a Si-based p-i-n diode with β-FeSi₂ particle embedded in the intrinsic silicon[J]. J. Appl. Phys. , 2005, 97(4): 043529.

[107] Sunohara T, Kobayashi K, Suemasu T. Epitaxial growth and characterization of Si-based light-emitting Si/β-FeSi₂ film/Si double heterostructures on Si(001) substrates by molecular beam epitaxy[J]. Thin Solid Films, 2006, 508: 371-375.

[108] Ugajin Y, Takauji M, Suemasu T. Annealing temperature dependence of EL properties of Si/β-FeSi₂/Si(111) double-heterostructures light-emitting diodes[J]. Thin Solid Films, 2006, 508: 376-379.

[109] Murase S, Sunohara T, Suemasu T. Epitaxial growth and luminescence characterization of Si/β-FeSi₂/Si multilayered structure by molecular beam epitaxy[J]. Journal of Crystal, 2007, 301-302: 676-679.

[110] 牛华蕾, 李晓娜, 胡冰, 等. 纳米 β-FeSi₂/a-Si 多层膜室温光致发光分析[J]. 物理学报, 2009, 58(6): 4119-4122.

[111] Tatar B, Kutlu K,Ürgen M. Synthesis of β-FeSi₂/Si heterojunctions for photovoltaic applications by unbalanced magnetron sputtering[J]. Thin Solid Films,

2007, 516: 13-16.

[112] Homewood K P, Reeson K J, Gwilliam R M, et al. Ion beam synthesized silicides: growth, characterization and devices[J]. Thin Solid Films, 2001, 381: 188-193.

[113] Suemasu T, Negishi Y, Takakura K, et al. Room temperature 1.6μm electroluminescence from a Si-Based light emitting diode with β-FeSi$_2$ active region[J]. J. Appl. , 2000, 39(10B): L1013-L1015.

[114] Suemasu T, Negishi Y, Takakura K, et al. Influence of Si growth temperature for embedding β-FeSi$_2$ and resultant strain in β-FeSi$_2$ on light emission from p-Si/β-FeSi$_2$ particles/n-Si light-emitting diodes[J]. Appl. Phys. Lett. , 2001, 79(12): 1804-1806.

[115] Suemasu T, Takakura K, Li C, et al. Epitaxial growth of semiconducting β-FeSi$_2$ and its application to light-emitting diodes[J]. Thin Solid Films, 2004, 461: 209-218.

[116] Sunohara T, Li C, Ozawa Y, et al. Growth and characterization of Si-based light-emitting diode with β-FeSi$_2$-particles/Si multilayered active region by molecular beam epitaxy[J]. Jpn. J. Appl. Phys. , 2005, 44(6A):3951-3953.

[117] Chow C F, Wong S P, Gao Y, et al. Electroluminescence properties of Si MOS structures with incorporation of FeSi$_2$ precipitates formed by iron implantation [J]. Mater. Sci. Eng. B, 2005, 440-443: 124-125.

[118] Li C, Suemasu T, Hasegawa F. Temperature dependence of electroluminescence from Si-based light emitting diodes with β-FeSi$_2$ particles active region[J]. Journal of Luminescence, 2006, 118: 330-334.

[119] Suemasu T, Ugajin Y, Murase S, et al. Photoluminescence decay time and electroluminescence of p-Si-FeSi$_2$ particles n-Si and p-Si-FeSi$_2$ film n-Si double-heterostructures light-emitting diodes grown by molecular-beam epitaxy [J]. J. Appl. Phys. ,2007, 101: 124506.

[120] Chu S C, Hirohada T, Nakajima K, et al. Room-temperature 1.56μm electroluminescence of highly oriented β-FeSi$_2$/Si single heterojunction prepared by magnetron-sputtering deposition[J]. Jpn. J. Appl. Phys. , 2002, 41(11A): L1200-L1202.

[121] Chu S C, Hirohada T, Kan H, et al. Electroluminescence and response characterization of β-FeSi$_2$-based light-emitting diodes[J]. Jpn. J. Appl. Phys. ,

2004, 43(2A): L154-L156.

[122] Motoki Takauji, Cheng Li, Takashi Suemasu, et al. Fabrication of p - Si/β-FeSi₂/n-Si double-heterostructure light-emitting diode by molecular beam epitaxy[J]. Jpn. J. Appl. Phys. , 2005, 44: 2483-2486.

[123] Muret P, Ali I. Transport properties of unintentionally doped iron silicide thin films on silicon (111) [J]. J. Vac. Sci. Technol. B, 1998, 16(3): 1663-1666.

[124] Ugajin Y, Sunohara T, Suemasu T. Investigation of current injection in β - FeSi₂/Si double- heterostructures light-emitting diodes by molecular beam epitaxy[J]. Thin Solid Films, 2007, 515: 8136-8139.

[125] Koizumi T, Murase S, Suzuno M, et al. Room-temperature 1. 6 μm electroluminescence from p⁺-Si/β-FeSi₂/n⁺-Si diodes on Si(001) without high-temperature Annealing[J]. Appl. Phys. Express, 2008, 1: 051405.

[126] Mitsushi Suzuno, Shigemitsu Murase, Tomoaki Koizumi, et al. Improved roomremperature 1. 6μm electroluminescence from p-Si/β-FeSi₂/n-Si double heterostructures light-emitting diodes [J]. Appl. Phys. Express, 2008, 1: 021403.

[127] 姚若河, 许家雄, 耿魁伟. 一种 β - FeSi₂ 薄膜太阳能电池: 中国, 200910214225.6[P]. 2009-12-25.

[128] Zhengxin Liu, Shinan Wang, Naotaka Otogawa, et al. A thin-film solar cell of high-quality β-FeSi₂/Si heterojunction prepared by sputtering[J]. Solar Energy Materials & Solar Cells, 2006, 90: 276-282.

[129] 许佳雄. 基于 FeSi₂ 薄膜的异质结的制备与特性研究[D]. 广州: 华南理工大学, 2012.

[130] Liew S L, Chai Y, Tan H R, et al. Improvement in photovoltaic performance of thin film β-FeSi₂/Si heterojunction solar cells with Al interlayer[J]. Journal of the Electrochemical Society, 2012, 159(1): H52-H56.

[131] Kumar A, Dalapati G K, Hidayat H, et al. Integration of β-FeSi₂ with ploy-Si on glass for thin film photovoltaic applications[J]. RSC Advances, 2013, 3: 7733-7738.

[132] Sze S M. Physics of semiconductor devices [M]. 2nd ed. New York: John Wiley & Sons, Inc. , 1981.

[133] 李申生. 太阳常数与太阳辐射的光谱分布[J]. 太阳能, 2003, 4: 5-6.

［134］夏越美. 太阳辐射试验及其标准分析［J］. 航空标准化与质量, 2001,5:
33-38.

［135］黄惠良, 萧锡炼, 周明奇,等. 太阳能电池制备:制备·开发·应用［M］.
北京:科学出版社, 2012.

［136］冯垛生, 王飞. 太阳能光伏发电技术图解指南［M］. 北京:人民邮电出版
社, 2011.

［137］汉斯-京特·瓦格曼, 海因茨·艾施里希. 太阳能光伏技术［M］. 2版. 叶开
恒,译.西安:西安交通大学出版社, 2011.

［138］刘颂豪, 李淳飞. 光子学技术与应用(下册)［M］. 广州:广东科技出版社,
2006.

［139］熊锡成, 谢泉, 闫万珺. $\beta-FeSi_2$ 薄膜的厚度与光子波长的关系研究［J］.
光学学报, 2011, 31(5):0531004.

［140］沈辉, 曾祖勤. 太阳能光伏发电技术［M］. 北京:化学工业出版社, 2005.

［141］戴宝通, 郑晃忠. 太阳能电池技术手册［M］. 北京:人民邮电出版社,
2012.

［142］郑旭. 用于红外探测器的 $Si/\beta-FeSi_2/Si$ 双异质结的制备及性质研究［D］.
贵阳:贵州大学, 2012.

［143］袁吉仁. 新型硅基高效太阳电池的输运性能研究［D］. 南京:南京航空航
天大学, 2011.

［144］袁吉仁, 沈鸿烈. $\beta-FeSi_2/c-Si$ 异质结太阳电池的计算机模拟［C］//第十
一届中国光伏大会暨展览会会议论文集(第三部分 化合物半导体电池及新
型电池). 南京:东南大学出版社, 2010:818-821.

［145］Jiren Yuan, Honglie Shen, Linfeng Lu. Influence of surface recombination and
interface states on the performance of $\beta-FeSi_2/c-Si$ heterojunction solar cells
［J］. Physica B, 2011, 406: 1733-1737.

［146］Gao Y, Liu H W, Lin Y, et al. Computational design of high efficiency $FeSi_2$
thin-film solar cells［J］. Thin Solid Films, 2011, 519: 8490-8495.

［147］刘浩文. AMPS-1D 软件模拟设计 $p-Si/\beta-FeSi_2/n-Si$ 三明治结构薄膜太阳
能电池［D］. 武汉:湖北大学, 2011.

［148］苏小平, 余怀之, 褚乃林, 等. 半导体材料的红外光学特性及应用［J］. 稀
有金属,1997, 21(6): 469-474.

［149］白藤纯嗣(日). 半导体物理基础［M］. 黄振岗, 王茂增,译.北京:高等教
育出版社, 1982.

[150] 王连卫, 陈向东, 林成鲁, 等. 一种新型光电材料——β-FeSi₂ 的结构, 光电特性及其制备[J]. 物理, 1995, 24(2): 83-89.

[151] 何菊生, 张萌, 肖祁陵. 半导体外延层晶格失配度的计算[J]. 南昌大学学报(理科版), 2006, 30(1): 63-67.

[152] Chi D Z. Semiconducting beta-phase FeSi₂ for light emitting diode applications: recent developments, challenges, and solutions[J]. Thin Solid Films, 2013, 537: 1-22.

[153] Xicheng Xiong, Shuangshuang Kang, Qian Chen, et al. Annealing time influence on optical characteristic of beta-FeSi₂ thin film[J]. Applied Mechanics and Materials, 2015, 1096:62-68.

[154] 熊锡成. 基于 β-FeSi₂ 薄膜的太阳能电池研究[D]. 贵阳:贵州大学, 2015.

[155] 刘恩科, 朱秉升, 罗晋生. 半导体物理学[M]. 北京: 电子工业出版社, 2017.

[156] Behar M, Bernas H, Desimoni J, et al. Sequential phase formation by ion-induced epitaxy in Fe-implanted Si (001). Study of their properties and thermal behavior[J]. J. Appl. Phys. ,1996, 79(2): 752-762.

[157] Murakami Y, Kido H, Kenjo A, et al. Ion-beam irradiation effect on solid-phase growth of β-FeSi₂[J]. Physica E, 2003, 16: 505-508.

[158] Kakemoto H, Higuchi T, Shibata H, et al. Optical constants of β FeSi₂ thin film on Si(001) substrate obtained by simultaneous equations from reflectance and transmittance spectra[J]. Thin Solid Films, 2007, 515(22): 8154-8157.

[159] Batalov R I, Bayazitov R M, Terukov E T, et al. A pulsed synthesis of β-FeSi₂ layers on silicon implanted with Fe⁺ ions[J]. Physica E,2003, 16: 370-375.

[160] Katsumata H, Makita Y, Kobayashi N, et al. Uekusa. Optical absorption and photoluminescence studies of β-FeSi₂ prepared by heavy implantation of Fe⁺ ions into Si[J]. J. Appl. Phys. , 1996, 80 (10): 5955-5963.

[161] Masatoshi Takeda, Masao Kuramitsu, Masashi Yoshio. Anisotropic Seebeck coefficient in h-FeSi₂ single crystal[J]. Thin Solid Films,2004, 461: 179-181.

[162] Saito T, Yamamoto H, Sasase M, et al. Surface chemical states and oxidation resistivity of 'ecologically friendly' semiconductor (β-FeSi₂) thin films[J]. Thin Solid Films, 2002, 415: 138-142.

[163] Guo G Y. Surface electronic and magnetic properties of semiconductor FeSi[J]. Physica E, 2001, 10: 383-386.

[164] Onda N, Henz J, Muller E, et al. Epitaxy of fluorite-structure silicides: metasta-ble cubic $FeSi_2$ on Si(111) [J]. Appl. Surf. Sci. 1992, 56-58: 421-426.

[165] Starke U, Weiss W, Kutschera M, et al. High quality iron silicide films by sim-ultaneous deposition of iron and silicon on Si(111) [J]. J. Appl. Phys. , 2002, 91: 6154-6161.

[166] Gao Y, Wong S P, Cheung W Y, et al. Transmission electron microscopy obser-vation of high-temperature $\beta-FeSi_2$ precipitates formed in Si by iron implantation using a metal vapor vacuum arc ion source. Appl[J]. Phys. Lett. , 2003, 83 (4): 638-641.

[167] Jiang J X, Matsugi K, Sasaki G, et al. Conduction type evolution during eutec-toid decomposition of Mn-added $\alpha-Fe_2Si_5$ alloy[J]. Scripta Materialia, 2005, 53: 707-711.

[168] Molnar G, Dozsa L, Peto G, et al. Thickness dependent aggregation of Fe-sili-cide islands on Si substrate[J]. Thin Solid Films, 2004, 459: 48-52.

[169] Shinichi Igarashi, Toshinobu Katsumata, Masaharu Haraguchi, et al. Orienta-tional ordering of iron silicide films on sputter etched Si substrate[J]. Vacuum, 2004, 74: 619-624.

[170] Haraguchi M, Yamamoto H, Yamaguchi K, et al. Effect of surface treatment of Si substrate on the crystal structure of $FeSi_2$ thin film formed by ion beam sputter deposition method. Nucl[J]. Instr. and Meth. in Phys. Res. B, 2003, 206, 313-316.

[171] Derrien J, Berbezier I, Ronda A, et al. Interface phase transition as observed in ultra thin $FeSi_2$ epilayers[J]. Appl. Surf. Sci. , 1996, 92, 311-320.

[172] Wohllebe A, Hollander B, Mesters S, et al. Surface diffusion of Fe and island growth of $FeSi_2$ on Si(111) surfaces[J]. Thin Solid Films, 1996, 287: 93-100.

[173] Sasase M, Nakanoya T, Yamamoto H, et al. Formation of 'environmentally friendly' semiconductor ($\beta-FeSi_2$) thin films prepared by ion beam sputter deposition (IBSD) method[J]. Thin Solid Films, 2001, 401:73-76.

[174] Dusausoy Y, Protas J, Wandji R, et al. Structure crystalline du disiliciure de fer, $\beta-FeSi_2$[J]. Acta. Cryst. B, 1971, 27(6): 1209-1218.

[175] Michel E G. Epitaxial iron silicides: geometry, electronic structure and applica-tions[J]. Appl. Surf. Sci. , 1997, 117-118:294-302.

[176] Mahan John E,Thanh V Le, Chevrier J, et al. Surface electron- diffraction patterns of β-FeSi₂, films epitaxially grown on silicon[J]. J. Appl. Phys. ,1993, 74(3): 1747-1761.

[177] Chong Y T , Li Q, Chow C F,et al. The effect of ion implantation energy and dosage on the microstructure of the ion beam synthesized FeSi₂ in Si[J]. Materials Science and Engineering B,2005,124-125: 444-448.

[178] Galkin N G, Maslov A M,Talanov A O. Electronic structure and simulation of the dielectric function of β-FeSi₂ epitaxial films on Si(111) [J]. Physics of the Solid State, 2002, 44(4): 714-719.

[179] Dmitriadis C A, Werner J H, Logothetidis S, et al. Electronic properties of semiconducting β-FeSi₂films[J]. J. Appl. Phys. , 1990, 68(4): 1726-1734.

[180] Filonov A B, Migas D B, Shaposhnikov V L,et al. Theoretical and experimental study of interband optical transitions in semiconducting iron disilicide[J]. J. Appl. Phys. , 1998, 83(8): 4410-4414.

[181] Baleva M, Goranova E, Angelov CH,et al. On the refractive index dispersion of ion-beam synthesized β-FeSi₂ layers[J]. Journal of Materials Science: Materials in Electronics. 2003, 14: 849-850.

[182] Yoshikazu Terai, Yoshihito Maeda. Photoluminescence enhancement in impurity doped β-FeSi₂[J]. Optical Materials, 2005, 27: 925-928.

[183] 沈学础. 半导体光谱和光学性质[M]. 北京:科学出版社,2002.

[184] Tassis D H, Mitsas C L,Zorba T T,et al. Infrared spectroscopic and electronic transport properties of polycrystalline semiconducting FeSi₂ thin films[J]. J. Appl. Phys. , 1996, 80(2): 962-968.

[185] Ken-ichiro Takakura, Noriyoshi Hiroi, Takashi Suemasu,et al. Investigation of direct and indirect band gaps of [100]-oriented nearly strain-free β-FeSi₂ films grown by molecular-beam epitaxy[J]. Appl. Phys. Lett. , 2002, 80 (4): 556-558.

[186] Guizzetti G, Marabelli F, Patrini M, et al. Measurement and simulation of anisotropy in the infrared and Raman spectra of β-FeSi₂ single crystals[J]. Phys. Rev. B, 1997, 55(21): 14290-14297.

[187] Birkholz U, Finkenrath H, aegele J N,et al. Infrared reflectivity of semiconducting FeSi₂[J]. Phys . Stat . Sol. 1968, 30(1): 81-85.

[188] Ayachea R, Bouabelloub A, Richterc E. Optical characterization of β-FeSi₂

layers formed by ion beam synthesis[J]. Materials Science in Semiconductor Processing, 2004, 7: 463-466.

[189] Seki N, Takakural K, Suemasu T, et al. Conduction type and defect levels of β-FeSi$_2$ films grown by MBE with different Si/Fe ratios[J]. Materials Science in Semiconductor Processing,2003, 6: 307-309.

[190] Brehme S, Lengsfeld P L, Stauss P,et al. Hall effect and resistivity of β-FeSi$_2$ thin films and single crystals[J]. J. Appl. Phys. , 1998, 84(6): 3187-3196.

[191] Yamamoto A, Ohta T. Thermoelectric figure of merit of silicide two-dimensional quantum wells[C] // Energy Conversion Engineering Conference, ResearchGate GmbH: IECEC 96. Proceedings of the 31st Intersociety,1996;910-913.

[192] Ware R M, McNeill D J. Iron disilicide as a thermoelectric generator material [J]. Proc. IEE, 111(1). 1964:178-182.

[193] Yamashita O, Tomiyoshi S, Sadatomi N. Thermoelectric properties of p- and n-type FeSi$_2$ prepared by spray drying, compaction and sintering technique[J]. Journal of Materials Science, 2003, 38: 1623-1629.

[194] Nogi K, Kita T. Rapid production of β-FeSi$_2$, by spark-plasma sintering[J]. Journal of Materials Science, 2000, 35: 5845-5849.

[195] Heinrich A, Behr G, Griessmann H. Thermoelectric properties of β-FeSi$_2$ single crystals prepared with 5N source material[C]. Proceedings of the 16th International Conference on Thermoelectrics, IEEE publisher, Germamy: Dyesden, 1997:287-290.

[196] Kim S W, Cho M K, Mishima Y,et al. High temperature thermoelectric properties of p- and n-type β-FeSi$_2$ with some dopants[J]. Intermetallics, 2003, 11: 399-405.

[197] Zeming He, Dieter Platzek, Christian Stiewe, et al. Thermoelectric properties of hot-pressed Al- and Co-doped iron disilicide materials[J]. Journal of Alloys and Compounds, 2007, 438: 303-309.

[198] Tetsuya Watanabe, Masayuki Hasaka, Takao Morimura,et al. Thermoelectric properties of the Co-doped β-FeSi$_2$ mixed with Ag[J]. Journal of Alloys and Compounds, 2006, 417: 241-244.

[199] Kiyoshi Nogi, Takuji Kita, Xiang-Qun Yan. Production of iron-disilicide thermoelectric devices and thermoelectric module by the slip casting method[J]. Materials Science and Engineering A, 2001, 307: 129-133.

[200] Teruhisa Ootsuka, Zhengxin Liu, Masato Osamura,et al. β-FeSi₂ based metal-insulator-semiconductor devices formed by sputtering for optoelectronic applications[J]. Materials Science and Engineering B, 2005, 124-125: 449-452.

[201] Lefki K, Muret P. Photoelectric study of β-FeSi₂, on silicon: tical threshold as a function of temperature[J]. J. Appl. Phys. ,1993,74(2): 1138-1142.

[202] Schumann J, Griessmann H, Heinrich A. Doped β-FeSi₂ thin film thermoelement sensor material[C]// Proceedings of the 17th International Conference on Thermoelectrics. Proceedings ICT98,1998:221-225.

[203] Schackenberg K, Arenz F, Mtiller E,et al. Doping of FeSi₂ by Intermixed Additives Sintering[C]// 17th International Conference on Thermoelectrics. IEEE, Nagoya:1998:382-385.

[204] Ken-ichiro Takakura, Takashi Suemasu, Fumio Hasegawa. Donor and acceptor in undoped β-FeSi₂ films grown on Si (001) substrates[J]. Jpn. J. Appl. Phys. ,2001, 40: 249-251.

[205] Haruhiko Udono, Kazutaka Matsumura,Ohsugi Isao J, et al. Control of Ga doping level in β-FeSi₂ using Sn-Ga solvent[J]. Materials Science in Semiconductor Processing, 2003, 6: 285-287.

[206] Katsumata H, Makita Y, Takada T,et al. Fabrication of heterostructure p-β-Fe₀.₉₅Mn₀.₀₅Si₂ n-Si diodes by Fe and Mn co-implantation in Si(100) substrates [J]. Thin Solid Films, 2001, 381: 244-250.

[207] Schuller B, Carius R, Lenk S,et al. Luminescence lifetime of the 1.5mm emission of β-FeSi₂precipitate layers in silicon[J]. Microelectronic Engineering, 2002, 60: 205-210.

[208] Lefki K, Muret P. Internal photoemission in metal/β-FeSi₂/Si heterojunctions [J]. Appl. Surf. Sci. , 1993, 65/66: 772-776.

[209] Kenji Yamaguchi, Kenichiro Shimura, Haruhiko Udono,et al. Effect of thermal annealing on the photoluminescence of β-FeSi₂ films on Si substrate[J]. Thin Solid Films,2006, 508: 367-370.

[210] Yamaguchi K, Heya A, Shimura K,et al. Effect of target compositions on the crystallinity of β-FeSi₂ prepared by ion beam sputter deposition method[J]. Thin Solid Films,2004, 461:17-21.

[211] Milosavljevi M, Shao G, Gwilliam R M,et al. Semiconducting amorphous FeSi₂ layers synthesized by co-sputter deposition[J]. Thin Solid Films, 2004, 461:

72-76.

[212] Gao Y, Wong S P, Cheung W Y, et al. Characterization and light emission properties of $\beta-FeSi_2$ precipitates in Si synthesized by metal vapor vacuum arc ion implantation[J]. Nuclear Instruments and Methods in Physics Research Section B: Beam Interactions with Materials and Atoms, 2003, 206: 317-320.

[213] Lourenço M A, Gwilliam R M, Shao G, et al. Dislocation engineered $\beta-FeSi_2$ light emitting diodes[J]. Nuclear Instruments and Methods in Physics Research Section B: Beam Interactions with Materials and Atoms, 2003, 206: 436-439.

[214] Lourenço M A, Siddiqui M S A, Gwilliam R M, et al. Efficient silicon light emitting diodes made by dislocation engineering[J]. Physica E, 2003, 16, 376-381.

[215] Bibi N, Dhar S, Lieb K P, et al. Structural and optical properties of $\beta-FeSi_2$ layers grown by ion beam mixing[J]. Surface and Coatings Technology, 2002, 158-159: 198-202.

[216] Milosavljevic M, Shao G, Bibic N, et al. Synthesis of amorphous $FeSi_2$ by ion beam mixing[J]. Nuclear Instruments and Methods in Physics Research Section B: Beam Interactions with Materials and Atoms, 2002, 188: 166-169.

[217] McKinty C N, Kirkby K J, Homewood K P, et al. The properties of $\beta-FeSi_2$ fabricated by ion beam assisted deposition as a function of annealing conditions for use in solar cell applications[J]. Nuclear Instruments and Methods in Physics Research Section B: Beam Interactions with Materials and Atoms, 2002, 188: 179-182.

[218] Milosavljevic M, Shao G, Gwilliam R M, et al. Properties of $\beta-FeSi_2$ grown by combined ion irradiation and annealing of Fe/Si bilayers[J]. Nuclear Instruments and Methods in Physics Research Section B: Beam Interactions with Materials and Atoms, 2001, 175-177: 309-313.

[219] Shao G, Homewood K P. On the crystallographic characteristics of ion beam synthesized $\beta-FeSi_2$[J]. Intermetallics, 2000, 8: 1405-1412.

[220] McKinty C N, Kewell A K, Sharpe J S, et al. The optical properties of $\beta-FeSi_2$ fabricated by ion beam assisted sputtering[J]. Nuclear Instruments and Methods in Physics Research Section B: Beam Interactions with Materials and Atoms, 2000, 161-163: 922-925.

[221] Yang Z, Homewood K P, Reeson K J, et al. TEM investigation of ion beam syn-

thesized semiconducting FeSi₂[J]. Materials Letters, 1995, 23: 215-220.

[222] Hunt T D, Reeson K J, Homewood K P, et al. Optical properties and phase transformations in α and β iron disilicide layers[J]. Nuclear Instruments and Methods in Physics Research Section B: Beam Interactions with Materials and Atoms, 1994, 84: 168-171.

[223] Leong D N, Harry M A, Reeson K J, et al. On the origin of the 1.5mm luminescence in ion beam synthesized β-FeSi₂[J]. Appl. Phys. Lett., 1996, 68 (12): 1649-1650.

[224] Barradas N P, Jeynes C, Homewood K P, et al. M. Milosavljevic RBS/simulated annealing analysis of silicide formation in Fe/Si systems[J]. Nuclear Instruments and Methods in Physics Research Section B: Beam Interactions with Materials and Atoms, 1998, 139: 235-238.

[225] Reeson K J, Finney M S, Harry M A, et al. Electrical, optical and materials properties of ion beam synthesised (IBS) FeSi₂[J]. Nuclear Instruments and Methods in Physics Research Section B: Beam Interactions with Materials and Atoms, 1995, 106: 364-371.

[226] Yang Z, Homewood K P, Finney M S, et al. Optical absorption study of ion beam synthesized polycrystalline semiconducting FeSi₂[J]. J. Appl. Phys., 1995, 78 (3): 1958-1964.

[227] Yu C H, Chueh Y L, Lee S W, et al. Solid phase reactions between Fe thin films and Si-Ge layers on Si[J]. Thin Solid Films, 2004, 461: 81-85.

[228] Wei-Chuan Chen, Chih-Huang Lai, Lee S F, et al. Structural effects on interlayer coupling of Fe/Si multilayer[J]. Journal of Magnetism and Magnetic Materials, 2002, 239: 319-322.

[229] Lu T, Chueh Y L, Chou L J, et al. Effects of ast-implantation on the formation of iron silicides in Fe thin films on (111) Si[J]. Applied Surface Science, 2003, 212-213: 204-208.

[230] Cheng H C, Yew T R, Chen L J. Epltaxial growth of FeSi₂ in Fe thin films on Si with a thin interposing Ni layer[J]. Appl. Phys. Lett., 1985, 47(2): 128-131.

[231] Pan Z J, Zhang L T, Wu J S. First-principles study of electronic and geometrical structures of semiconducting β-FeSi₂ with doping[J]. Materials Science and Engineering B, 2006, 131: 121-126.

[232] Chena H Y, Zhao X B, Stieweb C, et al. Microstructures and thermoelectric properties of Co-doped iron disilicides prepared by rapid solidification and hot pressing[J]. Journal of Alloys and Compounds, 2007,433: 338-344.

[233] Chena H Y, Zhao X B, Zhu T J,et al. Influence of nitrogenizing and Al-doping on microstructures and thermoelectric properties of iron disilicide materials[J]. Intermetallics, 2005, 13: 704-709.

[234] Chen H Y, Zhao X B, Jiang J Z,et al. Phase transformation of $\beta-FeSi_2$-based alloys under in-situ high-temperature and high-pressure X-ray diffraction measurements[J]. Proc. 24th Int. Conf. On Thermoelectrics, 2005:365-368.

[235] Peixiang Lu, Youhua Zhou, Qiguang Zheng,et al. Single-phase $\beta-FeSi_2$ thin films prepared on Si wafer by femtosecond laser ablation and its photoluminescence at room temperature[J]. Physics Letters A, 2006, 350: 293-296.

[236] Han M, Bennett J C, Zhang Q,et al. In situ observation of heteroepitaxial $\beta-FeSi_2$ during electron-beam irradiation[J]. Thin Solid Films,2006, 514: 58-62.

[237] 李成,赖虹凯,陈松岩. 退火温度对嵌入 Si 中的 $\beta-FeSi_2$ 颗粒发光的影响[J]. 半导体学报,2006, 27: 82-85.

[238] Zhu Y M, Zhang W Z, Ye F. One of the potentially optimal interfaces of $\beta-FeSi_2/Si$[J]. Journal of Crystal Growth,2005, 279: 129-139.

[239] Chuang Dong, Xiaona Li, Dong Nie, et al. High-quality carbon-doped β-type $FeSi_2$ films synthesized by ion implantation[J]. Thin Solid Films, 2004, 461: 48-56.

[240] Xiao-na Li, DongNie, Chuang Dong. A comparative study on microstructures of $\beta-FeSi_2$ and carbon-doped $\beta-Fe(SiC)_2$ films by transmission electron microscopy[J]. Nuclear Instruments and Methods in Physics Research B, 2002, 194: 47-53.

[241] Jin S, Bender H, Li X N,et al. Microstructural studies of Fe-silicide films produced by metal vapor vacuum arc ion implantation of Fe into Si substrates[J]. Applied Surface Science, 1997, 115: 116-123.

[242] 李晓娜,聂冬,董闯,等. 离子注入合成 $\beta-FeSi_2$ 薄膜的显微结构[J]. 物理学报, 2002, 51(1): 115-124.

[243] 李晓娜,聂冬,董闯. 碳掺杂 $\beta-FeSi_2$ 薄膜的电子显微学研究[J]. 电子显微学报,2002, 21(1): 43-51.

[244] Li Yanchun, Sun Liling, Cao Limin, et al. Growth of bulk single crystals

β-FeSi₂ by chemical vapour deposition[J]. Science In China (Series G), 2003, 46(1): 47-51.

[245] Shen W Z, Shen S Z,Tang W G,et al. Optical and photoelectrical properties of β-FeSi₂, thin films[J]. J. Appl. Phys. , 1995, 78 (7): 4793-4795.

[246] 陈向东,王连卫,林贤,等. 退火条件对 β-FeSi₂ 形成的影响[J]. 半导体学报,1995, 16(10): 794-797.

[247] 李凡,黄海波,赵华庭,等. 用扫描电镜研究 Fe-Si 的机械合金化过程[J]. 电子显微学报,2001, 20(4): 346-347.

[248] 倪经,蔡建旺,赵见高,等. Fe/Si 多层膜的层间耦合与界面扩散[J]. 物理学报, 2004, 53: 3920-3923.

[249] Jinmin Zhang, Quan Xie, Ping Yu, et al. The preparation of α-FeSi₂ by laser annealing[J]. Thin Solid Films, 2008, 516: 8624-8627.

[250] Chu S, Hirohada T, Kan H. Room temperature 1.58μm photoluminescence and electric properties of highly oriented β-FeSi₂ films prepared by magnetron-sputtering deposition[J]. Jpn. J. Appl. Phys, 2002, 41: 299-301.

[251] Gao Y, Chong Y T, Chow C F,et al. Post-annealing effect on the microstructure and photoluminescence properties of the ion beam synthesized FeSi₂ precipitates in Si[J]. Nuclear Instruments and Methods in Physics Research Section B: Beam Interactions with Materials and Atoms, 2007, 259(2): 871-874.

[252] Wong P, Chow C F, Judith Roller,et al. Structures and light emission properties of nanocrystalline FeSi₂/Si formed by ion beam synthesis with a metal vapor vacuum arc ion source[J]. Thin Solid Films, 2007, 515(22): 8122-8128.

[253] Zhang Jinmin, Xie Quan, Zeng Wuxian, et al. The effects of annealing on atomic interdiffusion and microstructures in Fe/Si system[J]. Chinese Journal of Semiconductors, 2007, 28(12): 1888-1894.

[254] Jedrecy N, Waldhauer A, Sauvage-Simkin M,et al. Structural characterization of epitaxial α-FeSi₂ on Si(111)[J]. Phys. Rev. B, 1994, 49: 4725-4730.

[255] Pirri C, Tuilier M H, Wetzel P,et al. Iron environment in pseudomorphic iron silicides eptaxially grown on Si(111). Phys. Rev. B, 1995, 51: 2302-2310.

[256] Antonov A N, Jepsen O, Henrion W, et al. Electionic structure and optical properties of β-FeSi₂[J]. Phys. Rev. B, 1998, 57(15): 8934-8938.

[257] Lefki K, Murel P, Bustarret E,et al. Infrared and ramanl characterization of beta iron silicide[J]. Solid State Commun, 1991, 80(10): 791-795.

[258] Han M, Tanaka M, Takeguchi M, et al. High-resolution transmission electron microscopy study of interface structure and strain in epitaxial β－FeSi$_2$ on Si (111) substrate[J]. Journal of Crystal Growth, 2003, 255(1): 93-101.

[259] Liu B X, Zhu D, Lu H, et al. Synthesis of β- and α−FeSi$_2$ phases by Fe ion implantation into Si using metal vapor vacuum arc ion source[J]. Journal of Applied Physics, 1994, 75(8): 3847-3854.

[260] Atanassov A, Baleva M, Darakchieva V, et al. Grazing incident asymmetric X-ray diffraction of β−FeSi$_2$ layers produced by ion beam synthesis[J]. Vacuum, 2004, 76(2-3): 277-280.

[261] 刘明霞. β−FeSi$_2$ 薄膜的制备及 Fe/Si 多层膜的结构与互扩散研究[D]. 秦皇岛:燕山大学,2005.

[262] 王海燕. 远离平衡条件下 Fe-Si 合金的结构演化及 β−FeSi$_2$ 相的形成[D]. 秦皇岛:燕山大学,2005.

[263] 侯国付. 新型薄膜窄带隙光伏材料 β−FeSi$_2$ 的研究进展[J]. 激光与光电子学进展, 2009, 46(8): 61-66.

[264] 侯国付, 郁超, 耿新华, 等. 一种窄带隙薄膜光伏材料 β−FeSi$_2$ 的制备方法:中国, 200910068154.3[P]. 2009-08-19.

[265] Suemasu T, Iikura Y, Fujii T, et al. Improvement of 1.5μm photoluminescence from reactive deposition epitaxy (RDE) grown β−FeSi$_2$ balls in Si by high temperature annealing[J]. Jpn. J. Appl. Phys., 1999, 38(6AB): L620-L622.

[266] Shucheng Chu, Toru Hirohada, Hirofumi Kan, et al. Electroluminescence and response characterization of β−FeSi$_2$-based light-emitting diodes[J]. Jpn. J. Appl. Phys, 2004, 43(2A): L154-L156.

[267] Tan K H, Pey K L, Chi D Z. Effects of boron and arsenic doping in β−FeSi$_2$ [J]. J. Appl. Phys., 2009, 106(2): 023712.

[268] Mahan J E, Geib K M, Robinson G, et al, Epitaxial films of semiconducting FeSi$_2$ on (001) silicon[J]. Applied Physics Letters, 1990, 56(21): 2126-2128.

[269] Geib K, Mahan J E, Long R G, et al. Epitaxial orientation and morphology of β−FeSi$_2$ on (001) silicon[J]. Journal of Applied Physics, 1991, 70(3): 1730-1736.

[270] Mitsushi Suzuno, Tomoaki Koizumi, Takashi Suemasu. p−Si/β−FeSi$_2$/n−Si double- heterostructure light-emitting diodes achieving 1.6μm electrolumines-

cence of 0.4mW at room temperature[J]. Appl. Phys. Lett. , 2009, 94(21):
213509.

[271] 周幼华, 童恒明, 乔燕. β-FeSi₂ 半导体薄膜的研究进展[J]. 江汉大学学
报(自然科学版), 2007, 35(2): 26-29.

[272] 朱放, 肖志松, 周博, 等. β-FeSi₂ 薄膜制备与发光研究的进展[J]. 中国光
学与应用光学, 2009, 2(2): 119-125.

[273] 郁操, 侯国付, 刘芳, 等. 退火温度和 β-FeSi₂ 薄膜厚度对 n-β-FeSi₂/p-Si
异质结太阳电池的影响[J]. 人工晶体学报, 2009, 38 (3): 662-665.